数字平面制作——Photoshop 图像处理项目教程（微课版）

谢 蓓 曾 丹 胡 蓉 岳 伟 编著

清华大学出版社

北 京

内 容 简 介

　　本书是一本项目案例教程，可以作为提高 Photoshop 软件操作水平的参考教材。读者不但可以从本书中学习到丰富的设计经验，还可以直观地感受到最新的图像、平面设计与视觉创意合成的潮流。本书也是一本零基础的读者学习 Photoshop 软件的教程，其在内容上把 Photoshop 的操作方法及技巧与项目相结合，淡化理论，注重实践。全书共分为 6 个模块，包括编辑图片、调整图片、修复图片、选取图片、绘制图片、合成图片，每个模块都结合多个精彩的案例讲解知识点，内容翔实，案例操作步骤条理清晰，将理论与实践紧密结合，使读者易学易用。

　　本书可作为高等院校视觉传达、动漫等数字艺术及相关专业的教材使用，也可作为培训教程使用。为了方便读者学习，本书提供了配套视频教程和大量精美实用的图片资源，希望对读者有所帮助。

图书在版编目（CIP）数据

　　数字平面制作：Photoshop 图像处理项目教程：微课版 / 谢蓓等编著 . —北京：清华大学出版社，2021.8

　　ISBN 978-7-302-58103-1

　　Ⅰ . ①数… Ⅱ . ①谢… Ⅲ . ①图象处理软件—教材 Ⅳ . ① TP391.413

　　中国版本图书馆 CIP 数据核字（2021）第 084519 号

责任编辑：贾小红
封面设计：飞鸟互娱
版式设计：文森时代
责任校对：马军令
责任印制：刘海龙

出版发行：清华大学出版社
　　　　网　　　址：http://www.tup.com.cn，http://www.wqbook.com
　　　　地　　　址：北京清华大学学研大厦 A 座　　邮　　编：100084
　　　　社 总 机：010-62770175　　　　　　　　邮　　购：010-62786544
　　　　投稿与读者服务：010-62776969，c-service@tup.tsinghua.edu.cn
　　　　质量反馈：010-62772015，zhiliang@tup.tsinghua.edu.cn
印 装 者：三河市铭诚印务有限公司
经　　销：全国新华书店
开　　本：185mm×260mm　　　印　　张：15　　　字　　数：362 千字
版　　次：2021 年 9 月第 1 版　　　　　　　印　　次：2021 年 9 月第 1 次印刷
定　　价：69.00 元

产品编号：092756-01

编写委员会

谢 蓓	湖南大众传媒职业技术学院	环境艺术设计专业教师
曾 丹	湖南大众传媒职业技术学院	美术基础教师
胡 蓉	湖南大众传媒职业技术学院	艺术设计专业教师
岳 伟	湖南大众传媒职业技术学院	广告设计与制作专业教师
汪正良	湖南大众传媒职业技术学院	附属星沙实验小学教师
蔡 友	湖南大众传媒职业技术学院	动漫设计专业教师
李红霞	湖南大众传媒职业技术学院	艺术设计专业教师
崔 爽	湖南大众传媒职业技术学院	动漫设计专业教师
罗 博	湖南大众传媒职业技术学院	艺术设计专业教师
刘 昀	湖南大众传媒职业技术学院	艺术设计专业教师
唐 楷	湖南大众传媒职业技术学院	数字媒体艺术专业教师
丑铁刚	湖南大众传媒职业技术学院	美术基础教师
周 洁	湖南大众传媒职业技术学院	环境艺术设计专业教师
刘 麟	湖南大众传媒职业技术学院	艺术设计专业教师
马晓卉	湖南大众传媒职业技术学院	美术基础教师

前 言
Preface

本书是一本项目案例教程，通过阅读本书，可以直观地感受到最新的平面设计、数码照片处理、视觉创意合成的潮流。

本书特点

（1）完全从零开始，以入门者为主要读者对象，阅读时读者将从新手逐步学习并深入探索，最终成为精通 Photoshop 的高手。

（2）本书内容细致全面，基本涵盖了 Photoshop 的绝大部分工具、命令及相关功能。

（3）实例均经过作者的精心挑选，精美实用，可边练边学，通过图片加步骤的形式，全方位巩固学习的效果。实例来源于平面设计、数码照片处理、电商美工、包装设计、景观设计等诸多设计领域，同时在实例的选择上既实用又精美、时尚，一方面力求提升读者的审美感，另一方面让读者在学习中享受美的世界。

（4）本书将知识点融入项目实践中，符合学习规律，便于读者轻松掌握。

本书内容

本书的内容分为 6 个模块：第一个模块是编辑图片，主要偏重于 Photoshop 的基本操作方法及对工作区域、图层、色彩调整的初步认识；第二个模块是调整图片，主要偏重于调整图片的色彩；第三个模块是修复图片，主要偏重于修复工具组的使用方法，通过滤镜特效创作出一些具有特殊效果的图片；第四个模块是选取图片，主要偏重于用套索工具组、橡皮擦工具组、色彩范围、通道、快速蒙版等工具选取图片，替换图片的背景；第五个模块是绘制图片，主要偏重于对文字工具、路径工具等绘制图片工具的实例讲解；第六个模块是合成图片，主要偏重于介绍 Photoshop 在各种不同的设计领域的灵活应用，为读者提供了更多复杂操作的学习思路。

本书可作为高等院校视觉传达、动漫等数字艺术及相关专业的教材使用，也可作为培训教程使用。为了方便读者学习，本书配套资源中收录了书中实例的视频教程和大量精美实用的图片，希望对读者有所帮助。

关于作者

本书由湖南大众传媒职业技术学院视觉艺术学院的专业教师编写，他们长期在一线承接大量的设计工作并培养、培训人才，积累了丰富的平面制作和教学经验。参与编写的还有该学院各艺术类专业的部分专任教师，他们主要编写综合案例，可以让不同专业的学习者都能有更好的收获。作者总结多年的教学经验，编写了本教材，以供读者学习，书中若存在错误与不妥之处，还请广大读者批评指正。

作　者
2021 年 9 月

目 录
Contents

Project 1
项目 1

编辑图片

项目概述

　　Photoshop 是数字图像处理的主要软件，其功能强大，在设计领域应用非常广泛。本项目通过给屋角添加背景来介绍 Photoshop 的基本操作方法，通过处理多个图层、调整画面的局部、处理扫描件、批处理文件等操作来探索 Photoshop 的强大功能。

学习目标

- 初识 Photoshop，了解 Photoshop 软件的工作区域。
- 掌握用 Photoshop 新建文件、打开文件、储存文件、编辑文件等的基本操作方法，对图层和色彩的调整有一个初步的认识。
- 开启 Photoshop 图像处理学习的兴趣之门，增强学习热情。

任务 1　由屋角初识 Photoshop

任务分析

一个单调的屋角（见图 1.1），通过打开文件、新建文件、编辑文件及存储文件等操作，添加一个风景背景，如图 1.2 所示，调整图片图层的透明度，让画面丰富而有意境。

图 1.1　　　　　　　　　　　　　　　　　　图 1.2

任务实施

（1）启动 Photoshop。从"开始"菜单启动 Photoshop，如图 1.3 所示。

图 1.3

（2）打开文件，认识界面。直接单击左侧"打开"命令，或选择"文件"→"打开"命令，或按 Ctrl+O 快捷键，弹出"打开"对话框，在该对话框中选中要打开的文件，单击右下角的"打开"按钮，就可以将选中的文件在 Photoshop 中打开了。

Photoshop 的界面主要由菜单栏、工具选项栏、标题栏、工具箱、图像窗口、控制面板、状态栏组成。编辑窗口的左边是工具箱,右边是面板。完整的工作界面如图 1.4 所示。

工具箱　菜单栏　标题栏　工具选项栏　图像窗口　面板

文件显示比例　状态栏

图 1.4

① 菜单栏有"文件""编辑""图像"等 10 个菜单项,包含了 Photoshop 的主要功能。单击任意一个菜单,将会弹出相应的下拉菜单,其中包括很多命令,选取任意一个命令即可实现相应的操作,如图 1.5 和图 1.6 所示。在每个命令后还有一些英文的字母组合,这些字母组合表示命令的快捷键,在键盘上直接按这些快捷键即可执行一些命令。

图 1.5

图 1.6

② Photoshop 标题栏上主要显示 Photoshop 程序的名称，当编辑图像文件的窗口处于最大化时，标题栏上还会显示当前文档的名字、缩放比例和色彩模式等信息，其左侧为软件的图标与名称。

③ 工具箱位于界面的左侧，默认设置为一竖条，如图 1.7 所示。单击工具箱上方的 >> 按钮，可变为并列的两排，如图 1.8 所示。工具箱包含用于创建和编辑图像、图稿、页面元素的工具等。相关工具将进行分组，包含 Photoshop 的各种图形绘制和图像处理工具，如对图像进行编辑、选择、移动、绘制、查看的工具，以及在图像中输入文字的工具等。大部分工具的右下侧都有一个黑色的小三角，右击工具图标，即可将与这个工具功能类似而又隐藏的工具显现出来。

④ 工具选项栏位于菜单栏的下方，控制面板用于显示当前所选工具的选项。随所选工具的不同而变化，不同的工具有不同的参数，有些参数对于几种工具都是通用的，如"羽化"参数项对于选框工具、椭圆工具、套索工具和磁性套索工具等都是通用的，而有些设置是某一种工具特有的。

⑤ 面板可以帮助监视和修改工作。可以对面板进行编组、堆叠或停放。面板一般显示在操作界面的右边，浮动在窗口的上方，在系统默认状态下，面板都是以面板组的形式出现的，用户根据需要可以组合、拆分、关闭或打开面板，也可移动其位置和调整大小。要显示面板，直接单击即可显示；要隐藏面板，可单击面板上的 >> 按钮，如图 1.9 所示。

图 1.7

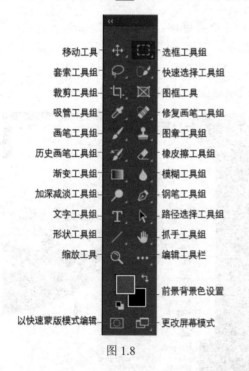

图 1.8

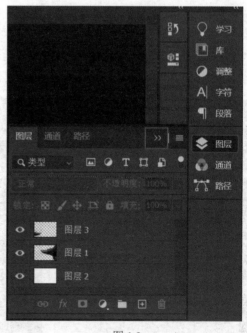

图 1.9

⑥ 图像窗口是 Photoshop 操作对象的放置区域，主要用来显示、编辑和浏览图像。Photoshop 允许打开多个图像文件，每打开一个，会增加一个图像窗口。当前图像的标签加亮显示，标签依次显示 Photoshop 的软件图标、图像文件的名称、文件格式、显示比例、当前图层、颜色模式和位深度等相关信息。单击选项卡上的图像标签，即可在各图像间切换。

单击位于工具栏底部的按钮，在标准和全屏显示模式之间切换。

（3）新建文件。选择"文件"→"新建"命令，弹出"新建文档"对话框。可以选择照片、打印等各种常见尺寸模板。除模板外，用户还可以自定相关数值，进而创建文件"屋角"，如图 1.10 所示。

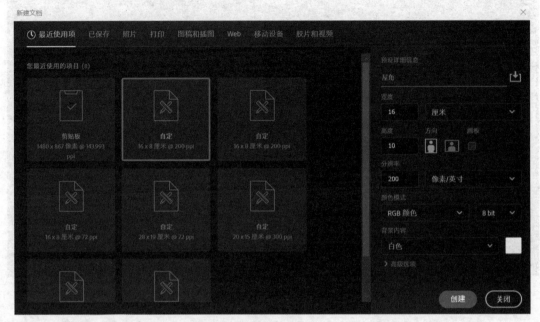

图 1.10

↘ **名称**：单击"未标题 1"处，可输入图像名称。

↘ **宽度和高度**：在文本框中可输入用户需要的尺寸，在文本框后面的下拉菜单中可以选择不同的量度单位。

↘ **分辨率**：单位采用像素/英寸（Pixels/in），分辨率越高，图像越清晰，图像也越大。

↘ **颜色模式**：默认 RGB 模式，在下拉菜单中可以设定图像的色彩模式。

↘ **背景内容**：下拉菜单中的 5 个选项用来设定新文件的背景颜色。

（4）编辑文件。

① 打开一张风景素材图片，选择移动工具 ⊕，拖动图片至"屋角"文件，并移动至合适位置，效果如图 1.11 所示。

② 接着用同样的方式将屋角素材图片拖进"屋角"文件，效果如图 1.12 所示。

图 1.11

图 1.12

③选择风景图层，如图 1.13 所示，调整透明度，最后得到如图 1.14 所示的效果。

图 1.13

图 1.14

（5）存储文件。选择"文件"→"存储为"命令后，会弹出"另存为"对话框，如图 1.15 所示。

Photoshop 支持多种文件格式。可以将文件存储为其中的任何一种格式，或按照不同的软件要求，将其存储为相应的文件格式后置入排版或图形软件中。在"文件"下拉菜单中有"存储""存储为""存储为 Web 和设备所用格式"3 个关于存储的命令。

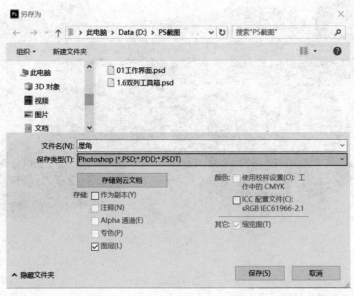

图 1.15

"存储"命令默认是以 PSD 格式存储文件的，在图像编辑后有了图层等内容。如果之前已经存储过文件，再次使用"存储"命令还需将文件存储为原来的文件格式，并将原来存储的文件替换掉。

"存储为"和"存储"命令不同的地方在于，"存储为"可以将文件以不同的位置和文件名存储，并且"存储为"命令可以用不同的格式和不同的选项存储图像。

任务拓展

1. 工具箱位于 Photoshop 工作界面的左侧，第一个工具为（　　）。
   - A. 画笔工具
   - B. 套索工具
   - C. 移动工具
   - D. 选框工具
2. 要将 PSD 格式的文件存储为 JPG 格式的文件，应选择（　　）。
   - A. 存储
   - B. 存储为
   - C. 存储为 Web 和设备所用格式
   - D. 保存
3. 在新建图像对话框中，一般有哪几个属性可以设定？（　　）
   - A. 长、宽、分辨率
   - B. 长、宽
   - C. 长、宽、高
   - D. 长、分辨率

任务 2　从蔬菜看图层

任务分析

将如图 1.16 所示的随意摆放的蔬菜通过调整大小、位置及处理各图层之间的关系，使其有序地呈现出来，形成有节奏、有层次的美好画面。

图 1.16

任务实施

（1）启动 Photoshop，打开素材文件。

（2）调整"黄瓜"图层的大小和位置。选择"黄瓜"图层，按 Ctrl+T 快捷键，此时黄瓜的四周出现了一个蓝色的 8 个节点的选框，单击选框四角的任何一个节点往里面拖动，将黄瓜缩小。再选择移动工具，将黄瓜移到合适的位置，如图 1.17 所示。

图 1.17

（3）调整"白菜"图层的大小，并旋转角度。选择"白菜"图层，按 Ctrl+T 快捷键，此时白菜四周出现了一个蓝色的 8 个节点的选框，单击选框四角的任意一个节点往外面拖动，将白菜放大。再将光标放在选框的外围，光标呈双箭头形，旋转白菜的角度，再移到合适的位置，调整如图 1.18 所示。

图 1.18

　　（4）调整"红椒"和"土豆"图层。根据上述方法调整"红椒"和"土豆"图层的大小和位置，效果如图 1.19 所示。

图 1.19

　　（5）调整"绿植""红椒 2""蒜"3 个图层。将"绿植"图层缩小并拖动至"红椒 2"图层的上方，选择"蒜"图层并缩小，放在合适的位置，效果如果 1.20 所示。

图 1.20

（6）最终效果如图 1.21 所示。

图 1.21

任务拓展

1. 选择需要调整的图层，以下哪项可以用来进行图层大小的调整？（　　　）

A．T B．Ctrl+A

C．Shift+T D．Ctrl+S

2. 选用不同的图片，进行调整图层大小、顺序的练习。

任务 3　快速改变天空颜色

任务分析

一幅蓝色天空的风景图，如图 1.22 所示。通过快速选择工具选取天空部分，运用"图像"→"调整"→"色相 / 饱和度"调整，去除天空中的颜色。

图 1.22

任务实施

（1）启动 Photoshop，打开素材图片。

（2）快速选择天空。使用快速选择工具，如图 1.23 所示，可以视其为通过画笔快速选择区域。单击画笔按钮，可以修改画笔属性。按住鼠标左键并拖动，可以描出所选区域，也可逐一单击想要选取但不连在一起的区域，选区会自动增加。若要减去选区，单击工具属性栏上的减去按钮，再选择不需要的选区即可。快速选择工具最重要的是嵌套了画笔属性，甚至可以通过修改画笔属性来绘制特殊的选框。单击快速选择工具，在画面天空中拖动，将天空变为选区，如图 1.24 所示。

图 1.23

图 1.24

（3）调整天空的颜色。通过对图像的"色相／饱和度"进行调整，可以达到改变图像色彩的目的。选择"图像"→"调整"→"色相／饱和度"命令（见图 1.25），或按 Ctrl+U 快捷键，弹出"色相／饱和度"对话框，单击"全图"右边的下拉菜单，可以设置需要调整的色彩范围。

图 1.25

"全图"指对图像中所有的颜色进行调整，单一的颜色指仅对该颜色进行调整。"色相"指的是颜色，滑动滑块可以改变颜色。"明度"指颜色的明暗程度。选中"着色"复选框后会将彩色图像自动转换成单一色调的图像。如果前景色是黑色或白色，图像将被转成红色色相，否则图像将被转成当前前景色的色相。"吸管工具"可以吸取图像中的颜色，但要使用吸管工具，一定要先编辑选中某一种颜色。

将"色相"设置为 -32，"饱和度"设置为 +29，效果如图 1.26 所示。

图 1.26

（4）最终效果如图 1.27 所示。

图 1.27

任务拓展

1. 快速选择工具在全图模式下，可以调整以下哪项？（　　）

　A. 色相　　　　B. 饱和度　　　　C. 明度　　　　D. 色度

2. 利用快速选择工具给单一背景的图片换背景颜色。

任务 4　用透视裁剪校正倾斜照片

任务分析

　　经常会遇到临时需要上传或发送一些电子扫描图片的情况，但又不可能随时携带扫描仪，最方便的方法就是用手机拍摄照片。素材为手机拍摄的一本书的照片，如图 1.28 所示，现在需要运用 Photoshop 进行旋转和透视裁剪，并调整照片的亮度和对比度，从而获得一张漂亮而又不失真的图片。

图 1.28

任务实施

（1）启动 Photoshop，打开素材图片，分析图片的问题。由于拍摄角度问题，图片中的书出现了一定程度的倾斜，透视比例不够准确。

（2）调正并裁剪图片。

① 选择"图像"→"图像旋转"→"90 度（顺时针）"命令，将图片摆正。

② 选择透视裁剪工具![](按组合键 Shift+C，如图 1.29 所示。单击书封面的 4 个角，将网格布满整个封面，如图 1.30 所示，确定之后的效果如图 1.31 所示。

图 1.29

图 1.30

图 1.31

裁剪图片有两种工具，一种是裁剪工具，另一种是透视裁剪工具。用裁剪工具直接拖动选择裁剪区域，可以直接裁剪图片。透视裁剪工具是裁剪工具的加强版，一般用于调整相机或摄影角度问题造成的畸变。

（3）调整图像的明暗。如图 1.32 所示，选择"图像"→"调整"→"亮度 / 对比度"命令，弹出"亮度 / 对比度"对话框，如图 1.33 所示，提亮并增强对比度。

（4）完成效果如图 1.34 所示。

图 1.32

图 1.33 图 1.34

任务拓展

用手机拍摄图书并完成封面的校正。

任务 5　自动批处理多张图片

任务分析

出去玩一天可以拍摄成百上千张照片，回到家后想整理做成小册子，对照片做整体的调整。那么照片数量多，如何来处理呢？素材为如图 1.35 所示的 16 张照片。要将所有照片处理成一个系列，就先得对其中一张照片进行处理，并将处理过程进行记录，然后执行自动化批处理的操作，完成所有照片的调整。

图 1.35

任务实施

（1）选择"窗口"→"动作"命令或按 Alt+F9 快捷键，打开"动作"面板。单击"创建新动作"按钮，如图 1.36 所示。在弹出的对话框中设置"名称"为"风景处理"，如图 1.37 所示。单击"记录"按钮，开始记录操作。

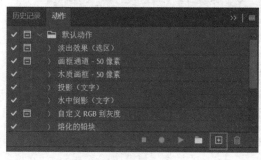

图 1.36　　　　　　　　　　　　　　　　图 1.37

（2）打开素材文件夹"风景处理"中的文件 1，如图 1.38 所示。接着对图片大小进行统一，选择"图像"→"图像大小"命令，进行调整，如图 1.39 所示。

图 1.38

图 1.39

（3）执行"图像"→"调整"→"色相 / 饱和度"的调整，如图 1.40 和图 1.41 所示。

图 1.40

图 1.41

（4）选择"文件"→"存储为"命令，将图像保存至"批处理后"文件夹，如图 1.42 所示。单击"关闭"按钮，结束动作记录，如图 1.43 所示。

图 1.42

图 1.43

（5）选择"文件"→"自动"→"批处理"命令，如图 1.44 所示。在弹出的对话框中按如图 1.45 所示进行设置，单击"确定"按钮，开始批处理图片。

图 1.44

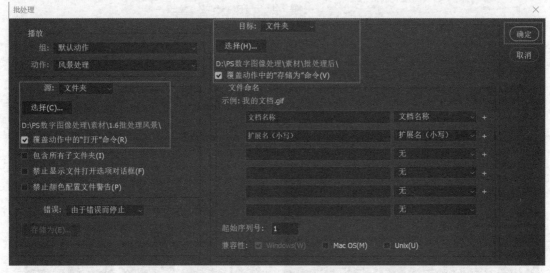

图 1.45

（6）最终效果如图 1.46 所示。

"批处理"命令可以对一个文件夹中的所有文件运行动作，例如可以使用"批处理"命令修改一个文件夹中所有照片的大小和分辨率，或指定动作。

使用"批处理"命令时应注意的是，当对文件进行批处理时，可以打开、关闭所有文件并存储对原文件的更改，或将修改后的文件存储到新的位置。建议在开始批处理前，先为待处理的文件创建一个新文件夹。如果要使用多个动作进行批处理，则需要创建一个播放所有其他动作的新动作，然后使用此动作进行批处理。

图 1.46

任务拓展

自行拍摄或在网上下载 10 ～ 20 张彩色图片，批处理成黑白图片。

任务 6　擦除布偶的背景

任务分析

将用手机拍摄的 3 个布偶的图片，用橡皮擦工具组擦除其背景，如图 1.47 和图 1.48 所示。

图 1.47

图 1.48

任务实施

（1）启动软件，打开素材图，如图 1.49 所示。

图 1.49

（2）单击橡皮擦工具组，弹出 3 种工具，如图 1.50 所示，现在使用这 3 种工具来完成接下来的任务。

图 1.50

（3）先选用橡皮擦工具在画面上涂抹，涂抹部分变为白色背景色，如图 1.51 所示。但如果这张图片不是背景层而是普通层，涂抹之后将变成透明的。

（4）选用背景橡皮擦工具在画面上涂抹，涂抹部分直接变成透明的，如图 1.52 所示。

（5）选用魔术橡皮擦工具，单击画面，发现与单击处颜色接近的部分全部被去除，如图 1.53 所示。

图 1.51

图 1.52

图 1.53

（6）用魔术橡皮擦工具单击下方的色块，将画面擦除至如图 1.54 所示的效果。

图 1.54

（7）再选用橡皮擦工具，调整画笔的大小和硬度，在画面未去除干净的部位涂抹，细节处放大处理，最后效果如图 1.55 所示。

图 1.55

（8）双击"背景"图层，将其变为普通"图层 0"。再单击"创建新图层"按钮，新建"图层 1"，将其拖至"图层 0"的下方，如图 1.56 所示，填充白色，最终效果如图 1.57所示。

图 1.56

图 1.57

任务拓展

拍摄一个毛绒玩具或下载素材文件，完成橡皮擦抠图换背景操作。

Project 2
项目 2

调整图片

项目概述

   调整数字图像，主要是调整图像的颜色、明暗等，本项目的实施可以将数字图像进行美化，从而提高审美能力和动手能力。

学习目标

- 熟练掌握调整图像的颜色、明暗等的操作方法。
- 能用图像调整工具对一些不理想的图片进行修整，通过滤镜特效创作出一些具有特殊效果的图片。
- 提高审美能力和动手能力，为后续处理图片打下扎实的基础。

任务 1　匹配图片的颜色

任务分析

如图 2.1 和图 2.2 所示，将两张不同色调的图片通过图像调整，使两张图片的色调统一。

图 2.1

图 2.2

任务实施

（1）启动软件，分别打开素材图片，如图 2.1 和图 2.2 所示。

（2）匹配颜色。

① 使用"匹配颜色"命令，可以匹配不同的图像在多个图层或多个选区之间的颜色。

②　单击素材 2.1 文件，选择"图像"→"调整"→"匹配颜色"命令，打开"匹配颜色"对话框，如图 2.3 和图 2.4 所示。"源"选择与之相匹配的图 2.2，"图层"选择用来匹配的图层，然后单击"确定"按钮。

图 2.3

图 2.4

（3）最终效果如图 2.5 所示。

图 2.5

任务拓展

找两张不同色调的图片，完成色彩的匹配。

任务 2　替换图片的颜色

任务分析

将图 2.6 中的树叶通过图像颜色的调整，由黄色替换为红色。

图 2.6

任务实施

（1）打开素材图片，如图 2.6 所示。

（2）"替换颜色"是"色彩范围"和"色相 / 饱和度"的综合命令。通过"色彩范围"把图像中要抽象颜色的部分选中，再用"色相 / 饱和度"来改变颜色。选择"图像"→"调整"→"替换颜色"命令，打开"替换颜色"对话框，如图 2.7 和图 2.8 所示。

图 2.7

图 2.8

（3）最终效果如图 2.9 所示。

图 2.9

任务拓展

找一张风景图片，用"替换颜色"命令完成换色。

任务 3　将普通照片变成美图

任务分析

将一张普通的照片，如图 2.10 所示，裁切并重新构图，调整色阶，改变色调和明暗关系，使之变成一张可以成为设计素材的美图。

任务实施

（1）打开素材图片，如图 2.10 所示。

（2）改变图像大小，重新构图。要对同一张图片改变大小，将图像中的部分信息去掉（即裁剪图片），需要用到工具箱中的裁剪工具。选择裁剪工具，图像上将出现 8 个节点的选框，四角上的节点可以进行比例缩放，每一条边正中间的节点可在对应边的方向上进行缩放，如图 2.11 所示。

图 2.10

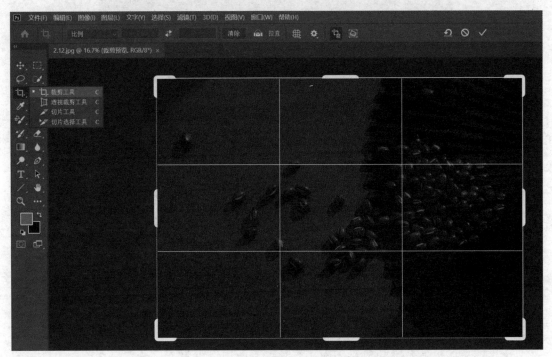

图 2.11

拖动节点，将图片的外轮廓线拖动到需要的位置，如图 2.12 所示。

将光标移动到选框内，双击或按 Enter 键，即可结束裁切，如图 2.13 所示。

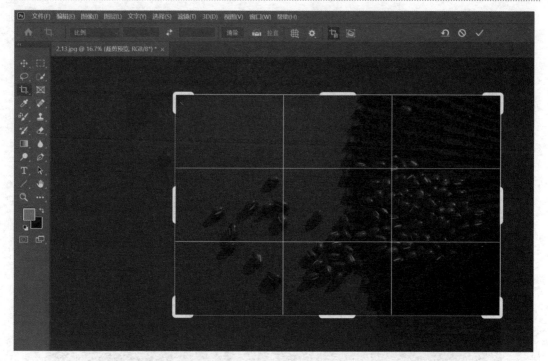

图 2.12

图 2.13

（3）调整色阶，改变色调与明暗关系。选择"图像"→"调整"→"色阶"命令，或按 Ctrl+L 快捷键，进入"色阶"对话框进行调整，如图 2.14 和图 2.15 所示。

色阶是指图像像素的亮度值，它有 256 个等级，范围是 0 ～ 255。色阶值越大，像素越亮；色阶值越小，像素越暗。可以使用色阶调整图像的阴影、中间调和高光的强度级别，从而校正图像的色调范围和色彩平衡。色阶直方图用作调整图像基本色调的参考，更为直观。

下面介绍"色阶"对话框的主要属性。

↘ 通道：选择要调整的颜色通道。

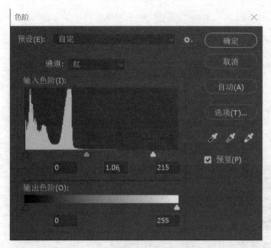
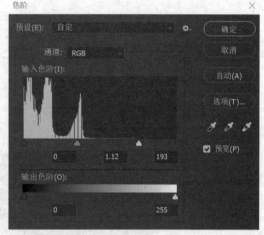

图 2.14　　　　　　　　　　　　　　　图 2.15

> 输入色阶：用于调整图像的暗部色调、中间色调和亮部色调。第一个数值框用来设置图像的暗部色调，低于该值的像素将变为黑色，取值范围为 0 ～ 253；第二个数值框用来设置图像的中间色调，取值范围为 0.10 ～ 9.99；第三个数值框用来设置图像的亮部色调，高于该值的像素将变为白色，取值范围为 2 ～ 255。

> 输出色阶：用于调整图像的亮度和对比度。向右拖动控制条上的黑色滑块，可以降低图像暗部对比度，从而使图像变亮；向左拖动白色滑块，可以降低图像对比度，从而使图像变暗。

（4）最终效果如图 2.16 所示。

图 2.16

任务拓展

用手机拍摄一张实物照片，进行裁剪调色处理。

任务4 调出冷调人物照片

任务分析

图 2.17 呈暖色调，整体比较灰暗，需要调整色调和明暗。另外，人物需要增高处理才能达到理想的效果。

图 2.17

任务实施

（1）打开素材。

（2）复制图层。单击"背景"图层并拖动至"图层"面板的"创建新图层"按钮上，或按 Ctrl+J 快捷捷，复制"背景"图层，如图 2.18 所示。

图 2.18

（3）调整色调。

① 选择"滤镜"→"Camera Raw 滤镜"命令，弹出对话框，先进行色温和色调的调整，如图 2.19 所示，将图片变成蓝色调。接着单击校准选项，调整色调和色相，如图 2.20 所示，图片变得更清新明快。用 Camera Raw 滤镜调色要确定图像的基本色调，要有目的性，

难点在于对色调的把控。

图 2.19

图 2.20

> ➡ **缩放工具和抓手工具**：用于调节显示的大小和位置，以便细节的调节。
> ➡ **白光平衡工具**：以选择点的 RGB 数值作为依据，可到 ACR（数字底片）里面调节。
> ➡ **颜色取样器**：对照片某个点的位置提取该点的 RGB 数值，对图片的色温和颜色进行对比。
> ➡ **目标调整工具**：不可以单独使用，需结合功能面板使用，对色相、饱和度、亮度进行调整。
> ➡ **变换工具**：调整水平方向和差值方向平衡和透视平衡的工具，面板中可调节。
> ➡ **污点去除工具**：去除不要的污点杂质，会出现两个圆圈，可以修复和仿制。
> ➡ **去除红眼工具**：可以调节瞳孔的大小和眼睛的明暗。

➢ **调整画笔**：可以对图片的局部进行调节，可调节大小、色温、颜色、对比度、饱和度、杂色。

➢ **渐变滤镜**：拉出一个选区，对起点和终点进行调节，提高颜色对比度。

➢ **径向渐变**：拉出一个圆圈，可以对四周的点进行调节。

② 单击色调曲线选项，再次调整色调，如图 2.21 所示。

图 2.21

（4）调整身高。如果调整完色调之后，发现人物的体态不够优美，可以适当将人物增高。

① 用选框工具在画面上拉动框，选上半身，如图 2.22 所示。按 Ctrl+T 快捷键，出现 8 个节点的选框。单击上方中间的节点往上拉，上身变长，如图 2.23 所示。

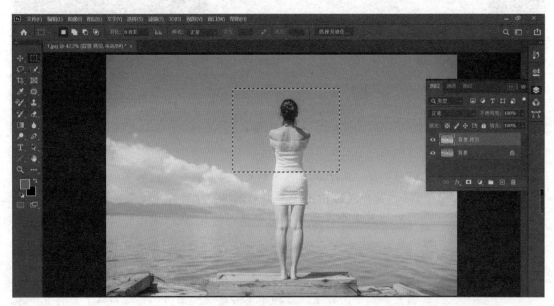

图 2.22

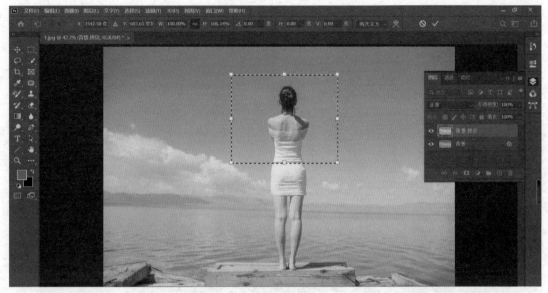

图 2.23

② 操作方法同上，将下半身拉长，如图 2.24 所示。

图 2.24

（5）调整明暗。选择"图像"→"调整"→"色阶"命令，如图 2.25 所示，弹出"色阶"对话框，调整画面的亮部，如图 2.26 所示。

（6）最终效果如图 2.27 所示。

任务拓展

选用自己的一张照片，进行色调和画面处理。

图 2.25

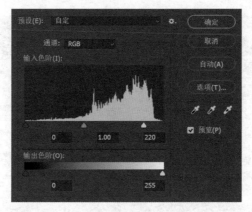

图 2.26

图 2.27

任务 5　调整风景图片

任务分析

如图 2.28 所示，风光图片曝光不太好，画面比较灰暗。需要通过创建调整图层来调整呈现的效果。

图 2.28

任务实施

（1）打开素材，打开"图层"面板，如图 2.29 所示。

图 2.29

（2）单击"创建新的填充或调整图层"按钮，在弹出的下拉列表中选择"曝光度"，在弹出的"曝光度"调整面板中进行调整，如图 2.30 所示。

图 2.30

（3）单击"创建新的填充或调整图层"按钮，在弹出的下拉列表中选择"亮度 / 对比度"，在弹出的"亮度 / 对比度"调整面板中进行调整，如图 2.31 所示。

图 2.31

（4）单击"创建新的填充或调整图层"按钮，在弹出的下拉列表中选择"色阶"，在弹出的"色阶"调整面板中进行调整，如图 2.32 所示。

（5）单击"创建新的填充或调整图层"按钮，在弹出的下拉列表中选择"色相 / 饱和度"，在弹出的"色相 / 饱和度"调整面板中进行调整，如图 2.33 所示。

（6）单击"创建新的填充或调整图层"按钮，在弹出的下拉列表中选择"曲线"，在弹出的"曲线"调整面板中进行调整，如图 2.34 所示。

图 2.32

图 2.33

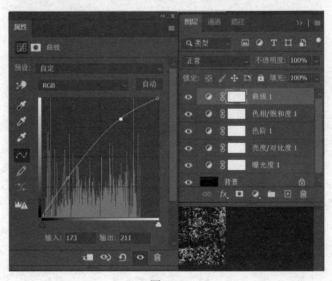

图 2.34

（7）最终效果如图 2.35 所示。

图 2.35

任务拓展

调整风光图片。

Project 3
项目 3

修复图片

项目概述

　　修复图片，主要是结合调整工具和修复工具组，将图片进行美化，从而打造出更加理想的图片效果。

学习目标

- 熟练掌握修复工具组的使用方法。
- 能结合调整工具和修复工具组，对一些不理想的图片进行修复美化，通过滤镜特效创作出一些具有特殊效果的图片。
- 提高审美能力和创造美的能力。

任务 1　打造唯美人像

任务分析

如图 3.1 所示，一张用手机拍摄的红头巾女人头像，可通过图像调整菜单进行颜色、明暗的调整，通过使用修补工具去除脸上的痘痘等操作，打造出一张唯美的人像图片。

图 3.1

任务实施

（1）打开素材，调整明暗。

① 选择"图像"→"调整"→"曲线"命令（见图 3.2），或按 Ctrl+M 快捷键，打开"曲线"对话框，对图像进行曲线调整。

图 3.2

曲线工具用于设置曲线的走向，在曲线上单击并拖动，可以添加多个节点；如果要删除节点，只需要把节点拖动到曲线外即可。曲线的横坐标是原来的亮度，纵坐标是调整后的亮度。若将曲线上的点向上拉，它的纵坐标就大于横坐标了，即调整后的亮度大于调整前的亮度，图像变亮；反之将曲线上的点向下拉，调整后的亮度小于调整前的亮度，图像变暗。如果将曲线的暗部向下拉，亮部向上拉，形成"S 形"曲线，可使暗部更暗，亮部更亮，从而增加了图像的对比度。

　　② 调整照片的色调与明暗。在曲线的左下方和右上方各添加一个调整点，往上拉，调整整体的亮度，如图 3.3 所示。再分别选用红色通道和蓝色通道，如图 3.4 和图 3.5 所示，调整曲线设置，从而达到如图 3.6 所示的效果。

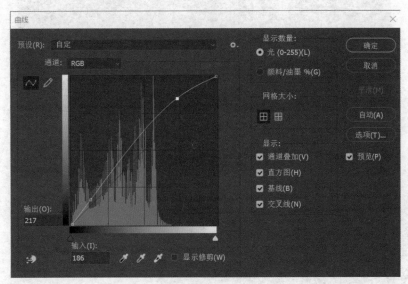

图 3.3

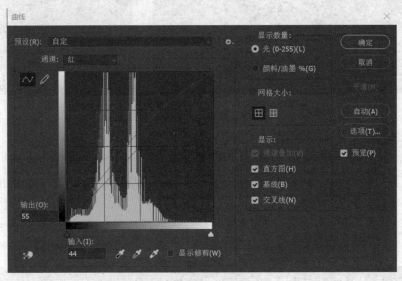

图 3.4

（2）打开"历史记录"面板，单击相机图标，给文件建立快照 1，用于保存记录，如图 3.7 所示。

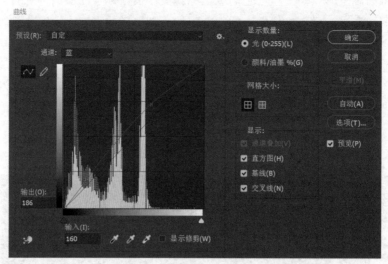

图 3.5

图 3.6

图 3.7

（3）修复脸部。

① 人物脸部有一些痘痘和黑印，选择修补工具，进行修复。

修补工具主要用于修改有明显裂痕或污点等有缺陷及需要更改的图像。选择需要修复的选区，并将需要修复的选区拖动到附近完好的区域，方可实现修补。当选择状态为"源"的时候，拖动污点区域到完好区域，实现修补。当选择状态为"目标"的时候，选取足够盖住污点区域的选区，拖动到污点区域，盖住污点以实现修补，选项栏如图 3.8 所示。

图 3.8

② 用修补工具圈出需要修复的部分，如图 3.9 所示，将其拖动至正常的皮肤部位，即可去除这颗痘痘。

图 3.9

③ 同样地，将图 3.10 中圈出的部分修复，从而达到图 3.11 所示的效果。

图 3.10

图 3.11

④ 调整脸型。选择"滤镜"→"液化"命令，进行如图 3.12 所示的设置，对脸型进行调整。效果如图 3.13 所示。

（4）调整画面风格。选择"滤镜"→"Camera Raw 滤镜"命令，弹出对话框，预设"创意"中的"柔和薄雾"风格，如图 3.14 所示。

图 3.12

图 3.13

图 3.14

（5）任务完成，最终效果如图 3.15 所示。

图 3.15

任务拓展

用自己的一张照片进行修复调色，使之成为"柔和薄雾"风格的美照。

任务 2　去除图片的小瑕疵

任务分析

在平常的设计中，经常需要在网上搜索素材，但是网上的素材总有些瑕疵。例如水印、LOGO、乱糟糟的背景等，如图 3.16 所示，这时就需要对多余的部分进行去除，然后再调整画面的色调与明暗。

图 3.16

任务实施

（1）打开素材。

（2）用修复画笔工具去除文字。修复画笔工具是 Photoshop 中处理照片常用的工具之一。利用修复画笔工具，可以快速移去照片中的污点和其他不理想的部分。但是需要先定义取样点，即按 Alt 键取样，然后到污点处拖曳，这样会在污点位置进行自动匹配。选项栏如图 3.17 所示，修复完成的效果如图 3.18 所示。

图 3.17

图 3.18

- 模式：在下拉列表中，可以设置修复图像的混合模式。有"替换""正片叠底""滤色""变暗""变亮""颜色""明度"等模式。其中"替换"模式比较特殊，它可以保留画笔描边的边缘处的杂色、胶片颗粒和纹理，使修复效果更加真实。
- 源：设置用于修复的像素的源。选择"取样"，可以从图像的像素上取样；选择

"图案"，则可在图案下拉列表中选择一个图案作为取样，效果类似于用图案图章工具绘制图案。

↳ 对齐：选中该复选框，会对像素进行连续取样，在修复过程中，取样点随修复位置的移动而变化；取消选中，则在修复过程中始终以一个取样点为起始点。

↳ 样本：用于设置从指定的图层中进行数据取样，如果要从当前图层及其下方的可见图层中取样，可以选择"当前和下方图层"；如果仅从当前图层中取样，可选择"当前图层"；如果要从所有可见图层中取样，可选择"所有图层"。

（3）用图章工具去除杂物。

① 为了方便操作，用快速选择工具选中盘子及食物，如图 3.19 所示。

图 3.19

② 按 Ctrl+J 快捷键，复制选区为"图层 1"，如图 3.20 所示。

图 3.20

③ 选中背景图层，用仿制图章工具去除背景的杂物，如图 3.21 所示，最终效果如图 3.22 所示。

图 3.21

图 3.22

　　仿制图章工具主要用于对图像进行修复，亦可以理解为局部复制，先按住 Alt 键，再用鼠标在图像中需要复制或修复的取样点处单击，再在右边的画笔处选取一个适合的笔头，单击绘制，就可以在图像中进行修复。

　　（4）调整菜的色调。选择"图层 1"，使用"图像"→"调整"→"色相 / 饱和度"命令，调整图片的色调，如图 3.23 和图 3.24 所示。

　　（5）将背景调暗。选择"背景"图层，使用"图像"→"调整"→"曲线"和"色阶"命令，调整图片的明暗，如图 3.25 和图 3.26 所示。

图 3.23

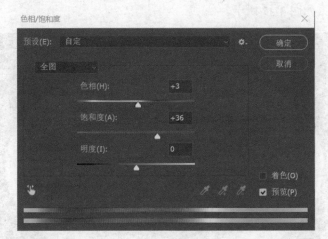

图 3.24

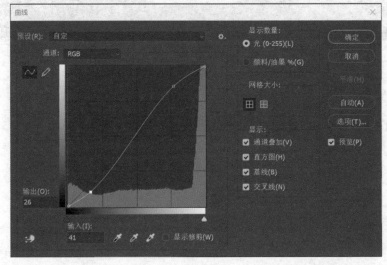

图 3.25

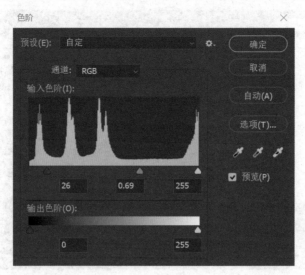

图 3.26

（6）最终效果如图 3.27 所示。

图 3.27

任务拓展

在网上下载一张有水印的图片，对其进行去除修复。

任务 3　人物磨皮彩色变黑白照片

任务分析

属于普通的彩色生活照修图，对其调色，去掉脸上的瑕疵，并磨皮，然后将彩色照片变为黑白照片，对比效果如图 3.28～图 3.30 所示。

图 3.28　　　　　　　　　　　图 3.29　　　　　　　　　　　图 3.30

任务实施

（1）打开素材图片，如图 3.28 所示。分析图片现有的问题，光线较暗，对比度较弱，脸上有斑，皮肤干躁，且脸上的妆不是很均匀。

（2）使用"图像"→"调整"→"色阶"命令，如图 3.31 所示，调整参数如图 3.32 所示。

图 3.31

（3）人物的面部斑点比较多，还有一些掉下来的头发丝，如图 3.33 所示。

（4）用修复画笔工具组将面部的瑕疵一点一点地去掉，最终效果如图 3.34 所示。

（5）人物本身长得比较漂亮，但仍然可以通过"滤镜"→"液化"命令，对她的面部进行微调，如图 3.35～图 3.37 所示。

图 3.32

图 3.33

图 3.34

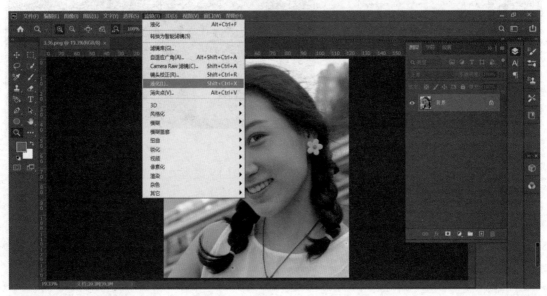

图 3.35

图 3.36

图 3.37

（6）人物面部放大之后会发现有些妆不均匀，应对图像进行轻微地磨皮，使皮肤更光滑。选择"滤镜"→"杂色"→"蒙尘与划痕"命令可实现，如图 3.38 和图 3.39 所示。

（7）"蒙尘与划痕"操作执行之后，皮肤更光滑了，但没有那么真实，所以需要给图层添加图层蒙版，如图 3.40 所示。

（8）将蒙版填充为黑色，图层 1 全部隐藏，用画笔工具调整好画笔的大小及硬度，前景色设为白色，在人物的脸部进行涂抹，避开五官部位，保持其清晰度，如图 3.41 所示。最终效果如图 3.42 所示。

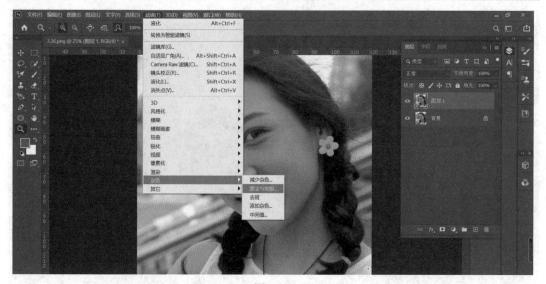

图 3.38

图 3.39

图 3.40

图 3.41

图 3.42

（9）彩色照片变黑白照片。
单击"图层"面板下方的"创建新
的填充或调整图层"按钮，创建新
的调整图层黑白，如图 3.43 所示。
再新建一个色阶图层，调整画面的
明暗对比度，如图 3.44 所示。

图 3.43

图 3.44

（10）最终效果如图 3.45 所示。

图 3.45

任务拓展

将自己的彩色照片通过修图，变成黑白照片。

任务 4　淘宝羽绒服修图

任务分析

每天，淘宝网都会销售大量产品，如图 3.46 所示，产品的图片传到网上之后，如果想要吸引顾客，就必须把图片处理得美观而有质地。通过调整羽绒背心的颜色、修复折皱，将蓬松感修出来，才更具吸引力。

图 3.46

任务实施

（1）将素材图片打开，如图 3.46 所示。

（2）羽绒背心的边线不规则但很清晰，适合用磁性套索工具选取，选择磁性套索工具，如图 3.47 所示。

图 3.47

（3）选中黑色羽绒背心边缘，如图 3.48 所示。

图 3.48

（4）黑色羽绒背心边缘被选中变为选区之后，按 Ctrl+J 快捷键，将选区复制为"图层 1"，如图 3.49 所示。

图 3.49

（5）新建"图层 2"，放在"图层 1"的下方，并填充为白色，如图 3.50 所示。

（6）图片对比度明显，调整色阶，如图 3.51 所示。

（7）选择图章工具或其他修复工具，将背心上的小折皱去掉一些，如图 3.52 所示，效果如图 3.53 所示。

图 3.50

图 3.51

图 3.52

（8）使用"滤镜"→"液化"命令，选用向前变形工具，对背心的边缘进行修整，如图 3.54 所示。

（9）新建"图层 3"，置于"图层 1"的上方，将图层的混合模式改为"柔光"，不透明度调低，如图 3.55 所示。

（10）选择画笔工具，调整合适的画笔大小和硬度，在图 3.56 所示的压痕处涂画，效果如图 3.57 所示，加强羽绒背心的蓬松感。

（11）按住 Ctrl 键，单击"图层 1"和"图层 3"将其选中，然后单击链接按钮，将两个图层链接，如图 3.58 所示。

图 3.53

图 3.54

图 3.55　　　　　　　　　　图 3.56　　　　　　　　　　图 3.57

图 3.58

（12）将链接的"图层 1"和"图层 3"选中，拖动至"创建新图层"按钮，出现链接的拷贝图层，如图 3.59 所示。

（13）选中"图层 1 拷贝"图层，选择"图像"→"调整"→"色相/饱和度"命令打开对话框，选中"着色"复选框并进行调整，将背心的颜色变为绿色，如图 3.60 所示。

（14）重复上一步操作，再做一件蓝色羽绒背心，如图 3.61 所示。

（15）调整大小位置，将背景色换个颜色，最终完成效果如图 3.62 所示。

图 3.59

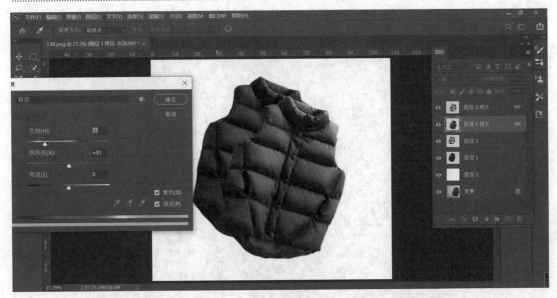

图 3.60

图 3.61

图 3.62

任务拓展

下载素材完成修图，要求制作一件红色背心。

任务 5　去除照片中多余的人物和背景

任务分析

在外面游玩拍照后，发现总有一些杂乱的背景或闲杂人物进入了画面，需要处理掉，如图 3.63 所示。通过 Photoshop 修复工具组修复图片，可以达到理想的效果。

图 3.63

任务实施

（1）打开素材图片。

（2）选择快速选择工具，设置好画笔大小，在画面中的鞋子部分拖动选中鞋子及人物。光标置于选区位置右击，在弹出的快捷菜单中选择"通过拷贝的图层"命令，如图 3.64 所示。之后"图层"面板出现"图层 1"，如图 3.65 所示。

图 3.64

（3）新建"图层 2"，填充白色，置于"图层 1"的下方，便于对比和观察，如图 3.66 所示。

（4）用钢笔工具将鞋子上趴着的人物描出路径，如图 3.67 所示。

图 3.65

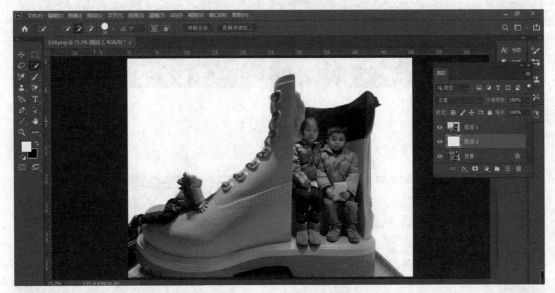

图 3.66

图 3.67

（5）按 Ctrl+Enter 快捷键，将路径变为选区，如图 3.68 所示。

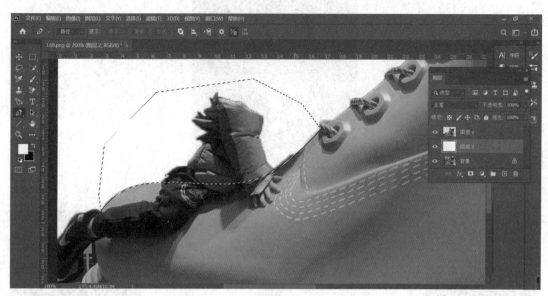

图 3.68

（6）选择"选择"→"修改"→"羽化"命令，如图 3.69 所示，在弹出的对话框中设置"羽化半径"为 2 像素，如图 3.70 所示。

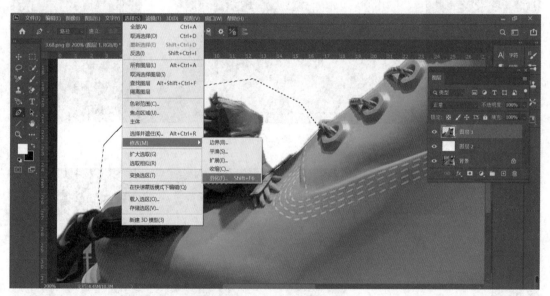

图 3.69

（7）按 Delete 键两次，删除选中部位。按住 Ctrl+D 快捷键键取消选择，效果如图 3.71 所示。

（8）用钢笔工具将鞋子前面的部分和后面的部分分别描出路径，执行路径变选区、羽化、删除等操作，如图 3.72 和图 3.73 所示。最终效果如图 3.74 所示。

图 3.70　　　　　　　　　　　　　　　　图 3.71

图 3.72

图 3.73

（9）按住 Ctrl 键的同时单击"图层 1"的缩略图，将"图层 1"变为选区，如图 3.75 所示。

（10）用修复画笔工具或仿制图章工具取样，先将人物部分用接近的颜色替换，如图 3.76 所示。

图 3.74

图 3.75

图 3.76

（11）按住 Ctrl+D 快捷键取消选择，用修复画笔工具或修补工具将颜色处理均匀，效果如图 3.77 所示。

（12）按住 Ctrl 键的同时单击"图层 1"的缩略图，将"图层 1"变为选区。选择"选择"→"修改"→"收缩"命令（见图 3.78），在弹出的对话框中将"收缩量"设置为 2 像素。

（13）选择"选择"→"修改"→"羽化"命令（见图 3.79），在弹出的对话框中将"羽化半径"设置为 2 像素。

图 3.77

图 3.78

图 3.79

（14）选择"选择"→"反向"命令，按 Delete 键删除，按住 Ctrl+D 快捷键取消选择，效果如图 3.80 所示。

图 3.80

（15）选择"图像"→"调整"→"曲线"命令，在弹出的对话框中调整图像的明暗对比度，如图 3.81 所示。

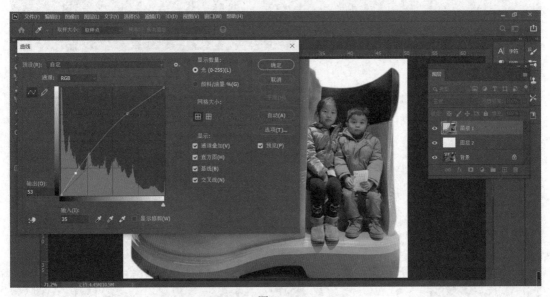

图 3.81

（16）调整"图层 1"中鞋子的大小和位置，在"图层 2"上用渐变工具填上喜欢的颜色，即可完成任务，如图 3.82 所示。

图 3.82

任务拓展

选取一张自己的旅游照片，去除杂乱背景。

Project 4

项目4

选取图片

项目概述

通过套索工具组、橡皮擦工具组、色彩范围、通道、快速蒙版等工具，进行选取图片的操作，替换图片的背景。

学习目标

- 了解矩形选框工具、椭圆选框工具等选择工具的使用方法。
- 掌握通道、快速蒙版的抠图方法。
- 能制作各种形状的选区，利用选区替换图像的背景。
- 提高动手制作能力和创作能力。

任务 1　人像抠图做证件照

任务分析

用手机拍摄一张正脸照片，如图 4.1 所示，先进行简单的去瑕疵处理，接着用通道抠取毛发人物头像，再替换背景，最后更改尺寸做成证件照片。

任务实施

（1）打开素材图片，如图 4.1 所示。

（2）用修补工具去除脸上的瑕疵，如图 4.2 所示，最终效果如图 4.3 所示。

（3）选择"图像"→"调整"→"曲线"命令，在弹出的对话框中调整图片的亮度，如图 4.4 和图 4.5 所示。

图 4.1

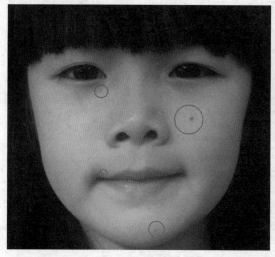

图 4.2

图 4.3

（4）打开"通道"面板，分析红、绿、蓝 3 个通道中，哪个通道的人物与背景的反差最大。通过分析，发现红色通道的反差比较明显。复制红色通道，如图 4.6 所示，出现"红拷贝"通道。

（5）调整 2 通道的色阶，使之明暗对比更明显，如图 4.7 所示。然后用画笔工具将人物部分画黑，如图 4.8 所示。

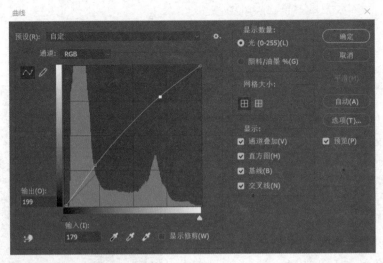

图 4.4

图 4.5

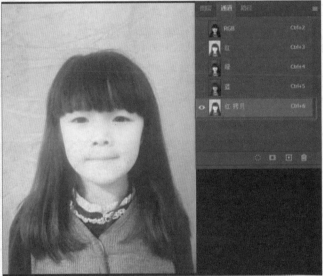

图 4.6

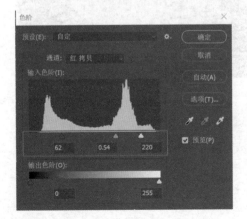

图 4.7

（6）调整曲线让画面黑白分明，如图 4.9 所示。

（7）按住 Ctrl 键的同时单击"红 拷贝"通道，选中画面中的白色区域，如图 4.10 所示，按 Shift+Ctrl+I 组合键反选，即选中人像部分，如图 4.11 所示。

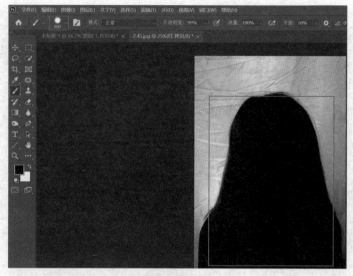

图 4.8

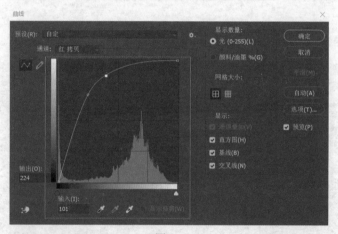

图 4.9

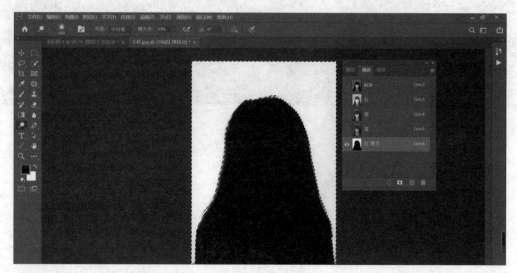

图 4.10

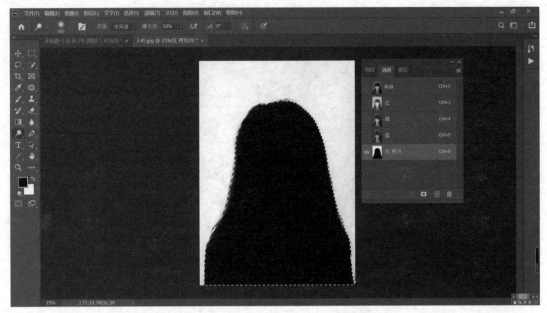

图 4.11

（8）单击 RGB 通道，如图 4.12 所示。

图 4.12

（9）回到"图层"面板，按 Ctrl+J 快捷键，选区建立"图层 1"。人物单独建图层，如图 4.13 所示。

（10）新建 2 寸照片尺寸文档，如图 4.14 所示。

（11）将处理好的文档合并拖动到新建文档处，如图 4.15 所示。更换背景颜色，可得到图 4.16 和图 4.17 所示两种不同背景的证件照片。

图 4.13

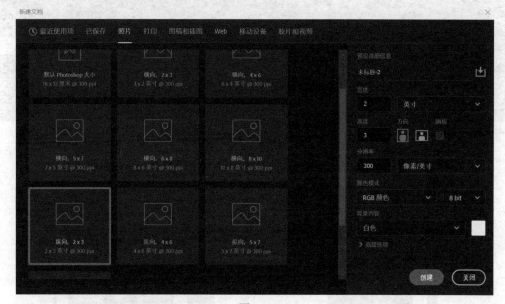

图 4.14

图 4.15

图 4.16

图 4.17

（12）如果要将 4 张照片排在 5 寸相片纸上打印，可建立一个 5 寸文档，如图 4.18 所示。将存好的照片拖进文档，如图 4.19 所示。复制 3 个图层，调整位置即可，如图 4.20 所示。

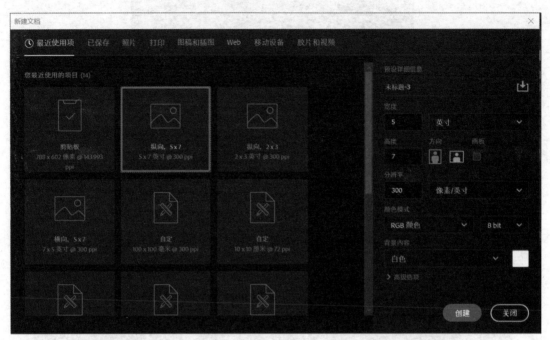

图 4.18

图 4.19

（13）最终效果如图 4.21 所示。

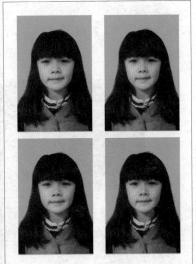

图 4.20　　　　　　　　　　　　　　　　　图 4.21

任务拓展

将自己的一张照片编辑成蓝底证件照格式。

任务 2　毛发宠物抠图

任务分析

如图 4.22 所示的宠物小狗，如果用魔棒工具、色彩范围、钢笔工具抠图，边缘都会很生硬，通道抠图是最自然的抠图方法。用通道抠图处理更换背景。

图 4.22

任务实施

（1）打开素材文件，按 Ctrl+J 快捷键复制"背景"图层，形成"图层 1"，如图 4.23 所示。

图 4.23

（2）打开"通道"面板，蓝色通道背景与小狗的黑白反差最大，复制蓝色通道，形成 "蓝 拷贝"通道，如图 4.24 所示。

图 4.24

（3）调整色阶，增强对比度，如图 4.25 所示。

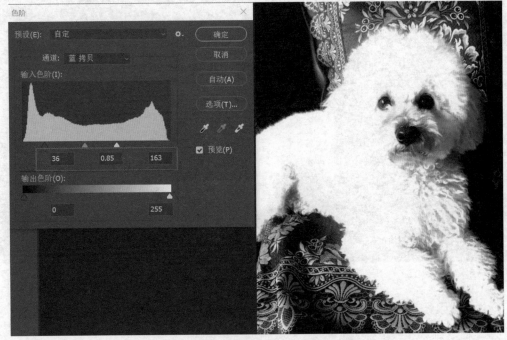

图 4.25

（4）选用画笔工具，调整好画笔的大小、硬度，在小狗身上涂抹至整个小狗部分为白色，如图 4.26 所示。

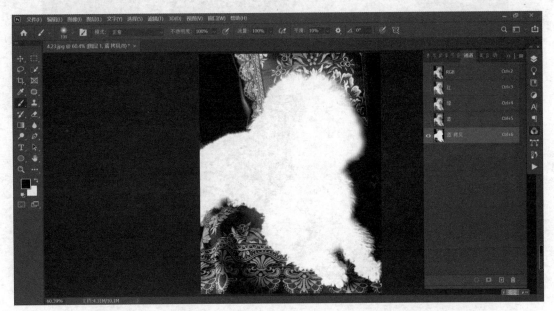

图 4.26

（5）选用画笔工具，调整好画笔的大小、硬度，在背景上涂抹至整个背景为黑色，如图 4.27 所示。

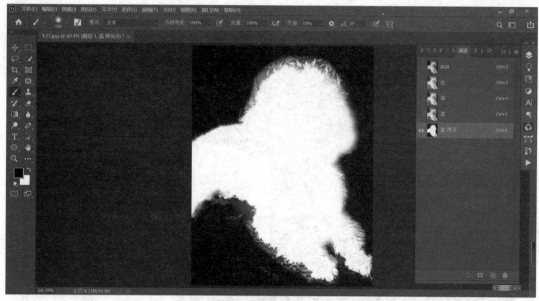

图 4.27

（6）选用画笔工具，调整好画笔硬度并将画笔调小，认真处理靠近小狗的背景部分，使整个背景为黑色，如图 4.28 所示。

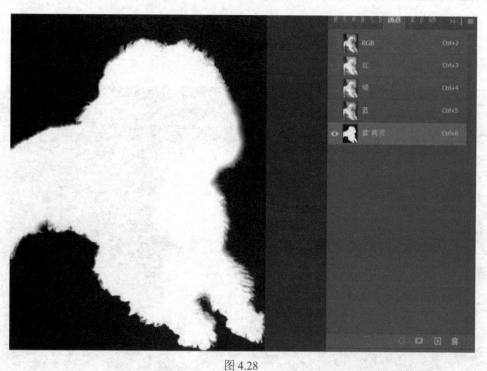

图 4.28

（7）按住 Ctrl 键的同时单击"蓝 拷贝"通道缩略图，将白色部分载入选区，如图 4.29 所示。

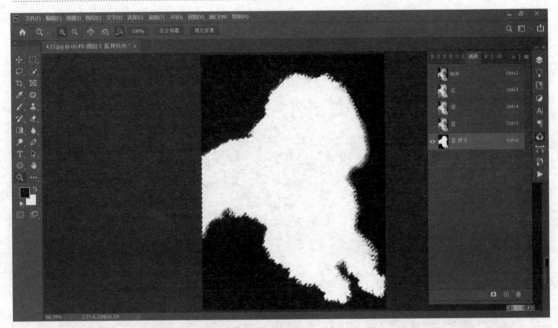

图 4.29

（8）单击 RGB 通道，如图 4.30 所示。

图 4.30

（9）回到"图层"面板，按 Ctrl+J 快捷键将选区复制为"图层 2"，如图 4.31 所示。

（10）拖动"背景素材"，置于"图层 2"的下方，如图 4.32 所示。

（11）最终效果，如图 4.33 所示。

图 4.31

图 4.32

图 4.33

任务拓展

选用毛发动物，如猫、狗、虎、狮等，进行抠图换背景。

任务 3　户外跳跃人物抠图

任务分析

　　户外人物有散乱的头发丝，要从背景分离出来。这里将用到通道抠图和钢笔工具创建选区，以及调色等操作才能完整地将人物自然抠出并替换背影，如图 4.34 所示。

图 4.34

任务实施

　　（1）打开素材。为了保护素材，需复制背景图层。用裁剪工具裁剪图片，缩小范围，如图 4.35 所示。确认后的效果如图 4.36 所示。

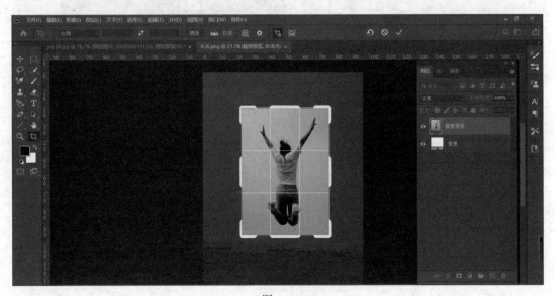

图 4.35

（2）按 Ctrl+J 快捷键，复制图层为"背景 拷贝"图层，如图 4.37 所示。

图 4.36   图 4.37

（3）打开"通道"面板，分别单击 3 个通道，分析哪个通道的人物与背景的反差最大。通过分析，发现蓝色通道的反差比较大，复制蓝色通道为"蓝 拷贝"通道，如图 4.38 所示。

图 4.38

（4）因为白色上衣部分与天空的背景颜色很接近，所以选用钢笔工具，将其勾出一条蓝色路径，如图 4.39 所示。

图 4.39

（5）按 Ctrl+Enter 快捷键，将路径转为选区。选择"选择"→"修改"→"羽化"命令，如图 4.40 所示。在弹出的对话框中将"羽化半径"设置为 2 像素，如图 4.41 所示，单击"确定"按钮。

图 4.40

图 4.41

（6）将选区填充为黑色，如图 4.42 所示，确定后按 Ctrl+D 快捷键，取消选区。

图 4.42

（7）选择"图像"→"调整"→"反相"命令，如图 4.43 所示，确定后效果如图 4.44 所示，人物为浅色，前景为深色。

图 4.43

（8）通道抠图要让前景和背景变成黑白对比的。选择"图像"→"调整"→"色阶"命令，如图 4.45 所示。调整如图 4.46 所示，反差变大，单击"确定"按钮。

（9）现在发现裤子部分的灰色面积比较大，选用钢笔工具将其勾出一条蓝色路径，如图 4.47 所示。按 Ctrl+Enter 快捷键将路径转为选区，如图 4.48 所示。

图 4.44

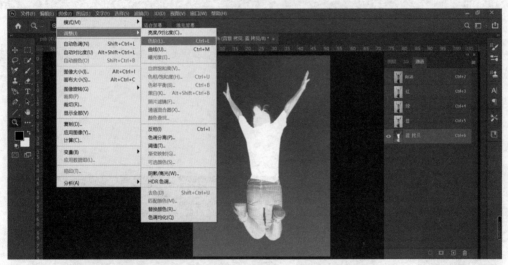

图 4.45

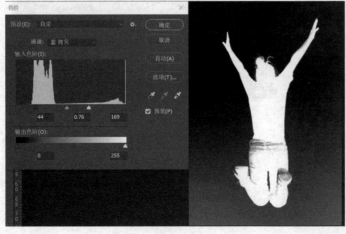

图 4.46

图 4.47

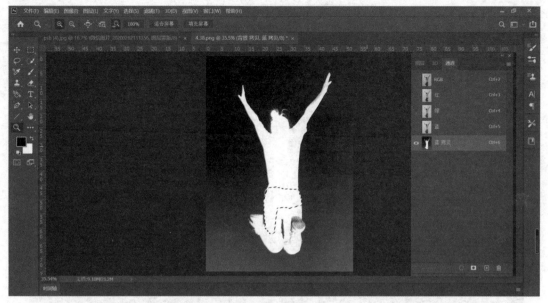

图 4.48

（10）填充白色之后，按 Ctrl+D 快捷键取消选择，如图 4.49 所示。选择"图像"→"调整"→"色阶"命令，将反差加大，如图 4.50 所示。

图 4.49

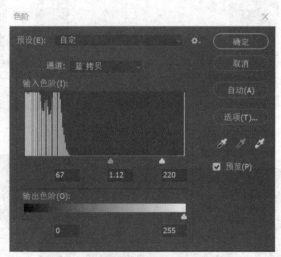

图 4.50

（11）按住 Ctrl 键的同时单击"蓝 拷贝"通道缩略图，将白色部分变为选区，如图 4.51 所示。选中 RGB 通道，画面如图 4.52 所示。

（12）回到"图层"面板，如图 4.53 所示。按 Ctrl+J 快捷键将选区复制为"图层 1"，完成抠图工作，如图 4.54 所示。

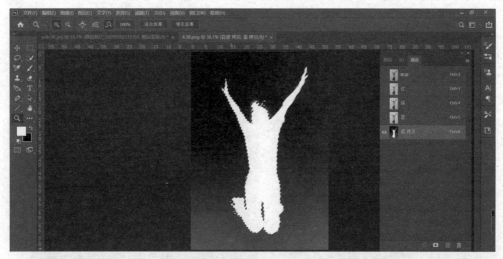

图 4.51

图 4.52

图 4.53

图 4.54

（13）单击"背景"图层和"背景 拷贝"图层缩略图前面的小眼睛，隐藏图层，如图 4.55 所示。效果如图 4.56 所示。

图 4.55

（14）新建"图层 2"，填充黄色，如图 4.57 所示。

（15）选择"图层 1"，选择"图像"→"调整"→"曲线"命令，设置如图 4.58 所示。

图 4.56

图 4.57

（16）最终效果如图 4.59 所示。

任务拓展

自己找一张人物图片，进行抠图换背景。

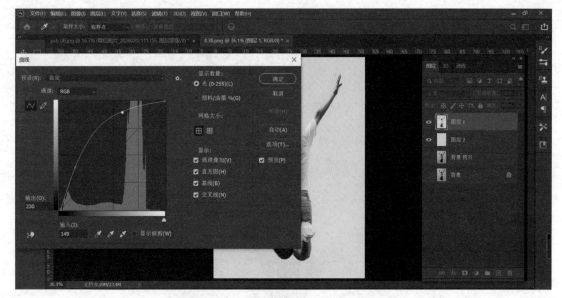

图 4.58

图 4.59

任务 4　快速选择人物换背景

任务分析

给人物换背景。图 4.60 的背景颜色比较单一，直接用快速选择工具就可以抠取人物，然后替换一张风景背景即可。

图 4.60

任务实施

（1）打开素材图片，选择快速选择工具，调整画笔大小，如图 4.61 所示。

图 4.61

（2）用快速选择工具在人物上慢慢拖动，直到人像被全部选中，如图 4.62 所示。

（3）按 Ctrl+J 快捷键，将选区复制为"图层 1"，如图 4.63 所示。

图 4.62

图 4.63

（4）单击"背景"图层前面的小眼睛，隐藏图层，如图 4.64 所示。效果如图 4.65 所示。

（5）打开风景素材，拖动文件，放在"图层 1"的下方，如图 4.66 所示。

（6）对"图层 1"执行"图像"→"调整"→"色阶"操作，增强亮度，如图 4.67 所示。

（7）新建一个图层，填充为白色，置于风景图层的下方，调整风景图层的不透明度为 75%，如图 4.68 所示。

图 4.64

图 4.65　　　　　　　　　图 4.66

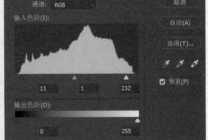

图 4.67

图 4.68

（8）最终效果如图 4.69 所示。

图 4.69

任务拓展

将素材图片进行描图换背景。

任务 5   复杂背景红花抠图

任务分析

如图 4.70 所示，自然拍摄的一张花的照片，需要对其进行抠图、重组。这张图片的背景比较复杂，但这朵红花的颜色单一，边缘虽不规则但清晰。使用钢笔工具对于初学者有难度，用色彩范围抠图会有部分图像选不到，因此用磁性套索工具处理更合适。

图 4.70

任务实施

（1）打开素材，为保护素材按 Ctrl+J 快捷键，复制"背景"图层为"图层 1"，如图 4.71 所示。

（2）选择磁性套索工具，如图 4.72 所示。

（3）设置"羽化半径"为 1 像素，沿着花朵的边缘勾取花朵，如图 4.73 所示。

（4）完成勾取花朵之后，出现一个选区，如图 4.74 所示。

（5）按 Ctrl+J 快捷键，将选区复制为新的"图层 2"，如图 4.75 所示。

图 4.71

图 4.72

图 4.73

图 4.74

图 4.75

（6）单击"图层 1"和"背景"图层前面的小眼睛，隐藏图层，如图 4.76 所示。

图 4.76

（7）将"图层 2"复制两层，如图 4.77 所示。分别进行大小和位置调整，最终效果如图 4.78 所示。

图 4.77

图 4.78

任务拓展

抠取素材图片并进行重组排列。

任务 6 用橡皮擦给纱裙换背景

任务分析

蓝色纱裙抠除背景的难度在于透明的纱裙部位，如图 4.79 所示，本项目主要运用背景橡皮擦工具，调整其容差值以抠纱换背景。

任务实施

（1）打开素材图片，如图 4.79 所示。双击"背景"图层，弹出如图 4.80 所示的对话框，将"背景"图层转换为普通"图层 0"。

（2）新建一个"图层 1"，放在"图层 0"的下方并填充一个颜色，如图 4.81 所示。

图 4.79

图 4.80

图 4.81

（3）选择"图层 0"为当前图层，将前景色设置为蓝色纱裙的颜色，再将背景色设置为当前图片背景的颜色，选择魔术橡皮擦工具，在白色背景上单击，如图 4.82 所示。

（4）用魔术橡皮擦工具在画面的白色背景上单击，背景被去除，如图 4.83 所示。

（5）选择背景橡皮擦工具，调整其选项，将容差值稍微调大，然后在头发边缘部分涂抹，如图 4.84 所示，效果如图 4.85 所示。

图 4.82

图 4.83

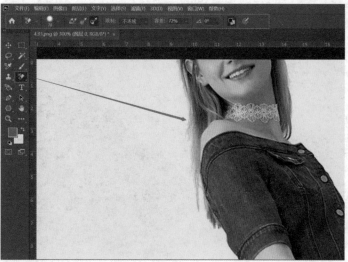

图 4.84

图 4.85

　　（6）选择背景橡皮擦工具，调整其选项，将容差值稍微调大，然后在半透明的纱裙处涂抹，如图 4.86 所示，效果如图 4.87 所示。

图 4.86

图 4.87

（7）最终效果如图 4.88 所示。

图 4.88

任务拓展

在网上下载一张纱裙人物或婚纱图片，换背景。

绘制图片

项目概述

    Photoshop 还能进行图像的绘制与创意设计，如特效文字的创意设计与制作、海报标题文字的创意设计与制作、动漫图形的绘制、3D 文字或图形的绘制及风格插画的绘制，等等。

学习目标

- 熟练掌握文字工具的使用方法、文字面板的使用方法和文字编辑的方法。
- 能应用路径绘制线条繁多、形状复杂的图形。
- 掌握滤镜的使用方法，能正确把握对滤镜参数的调节及效果。

任务 1 火焰文字的制作

任务分析

用 Photoshop 文字工具、图层样式来制作文字特效，火焰部分主要运用的是风格化及液化滤镜的操作。

任务实施

（1）新建一个尺寸为宽度 100 毫米、高度 100 毫米、分辨率为 300 像素 / 英寸的文件，设置如图 5.1 所示。

（2）编辑文字。选择横排文字工具，设置选项栏上的字体为 Elephant，"字体大小"为 "72 点"，"文本颜色"为 "白色"，在文件窗口中输入文字 Learn，如图 5.2 所示，在 "图层" 面板中新增文字图层。

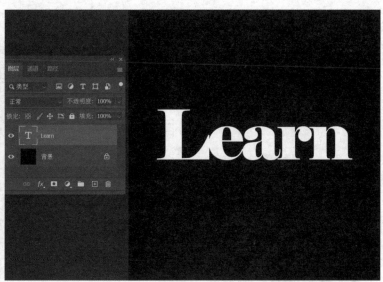

图 5.1   图 5.2

（3）绘制火焰。

① 按 Shift+Ctrl+Alt+E 组合键，盖印可视图层，此时 "图层" 面板生成 "图层 1"，如图 5.3 所示。选择 "图像"→"图像旋转"→"逆时针 90 度" 命令，如图 5.4 所示，翻转图像的效果如图 5.5 所示。

② 选择 "滤镜"→"风格化"→"风" 命令，如图 5.6 所示。打开 "风" 对话框，保持默认参数设置，单击 "确定" 按扭，如图 5.7 所示。按 Ctrl+Alt+F 组合键重复执行 3 ~ 5 次，效果如图 5.8 所示。

③ 选择 "滤镜"→"模糊"→"高斯模糊" 命令，打开 "高斯模糊" 对话框，设置 "半径" 为 2.1 像素，单击 "确定" 按扭，如图 5.9 所示。

图 5.3

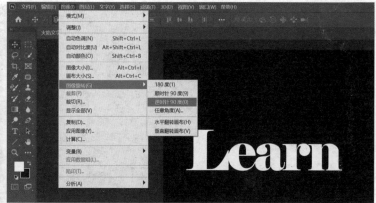

图 5.4

图 5.5

图 5.6

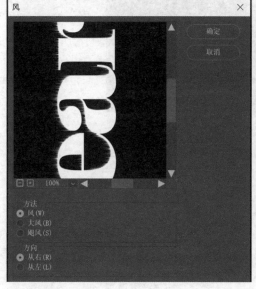

图 5.7

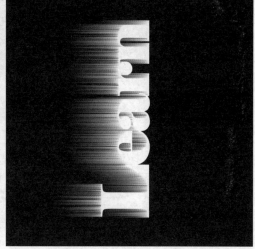

图 5.8

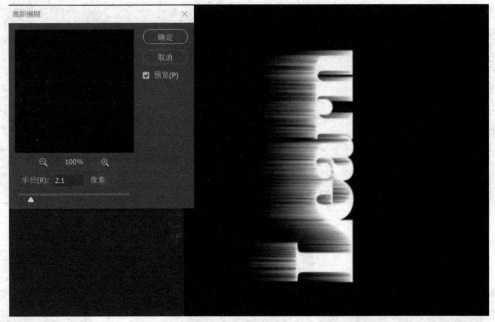

图 5.9

④ 选择"图像"→"图像旋转"→"顺时针 90 度"命令，翻转图像。

⑤ 选择"图像"→"调整"→"色相 / 饱和度"命令，打开"色相 / 饱和度"对话框，设置如图 5.10 所示。

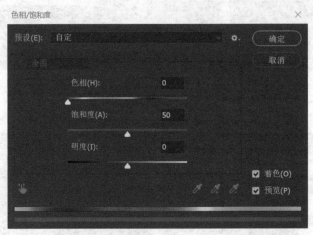

图 5.10

⑥ 按 Ctrl+J 快捷键，复制"图层 1"图层为"图层 1 拷贝"。选择"图像"→"调整"→"色相 / 饱和度"命令，打开"色相 / 饱和度"对话框，设置如图 5.11 所示。

⑦ 设置"图层 1 拷贝"图层的混合模式为"颜色减淡"，如图 5.12 和图 5.13 所示。

⑧ 按 Ctrl+E 快捷键，向下合并图层。

⑨ 选择"滤镜"→"液化"命令，打开"液化"对话框，选择向前变形工具，设置面板右侧的工具选项参数，在窗口中涂抹描绘出火焰，如图 5.14 所示，确定后效果如图 5.15 所示。

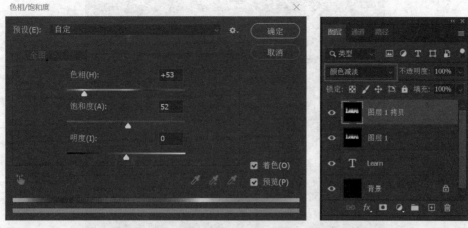

图 5.11 图 5.12

图 5.13

图 5.14

图 5.15

（4）编辑文字效果。

① 拖动文字图层 Learn 到"图层 1"之上，改变字体颜色为"黑色"。执行图层样式"光泽"和"渐变叠加"，设置如图 5.16 和图 5.17 所示。

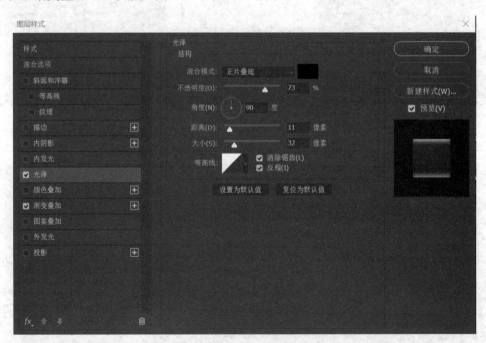

图 5.16

② 按 Ctrl+E 快捷键，向下合并图层，将文字图层 1 和图层 1 合并成"图层 1"。按 Ctrl+E 快捷键，复制"图层 1"为"图层 1 拷贝"图层。将"图层 1 拷贝"图层的混合模式设置为"滤色"，如图 5.18 所示。

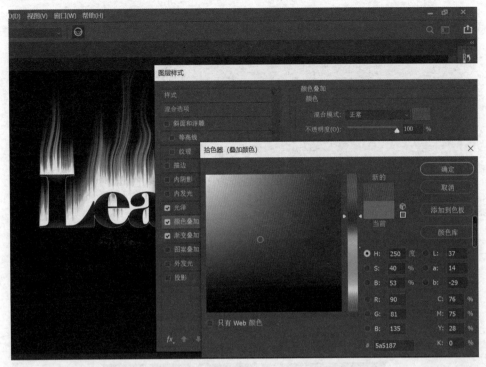

图 5.17

图 5.18

③将"图层 1 拷贝"图层的透明度调低，用移动工具向下移动位置，如图 5.19 所示。

（5）最终效果如图 5.20 所示。

图 5.19

图 5.20

任务 2　秋季上新海报标题制作

任务分析

标题设计在海报设计中至关重要，通过 Photoshop 的文字工具、移动工具、图层等，可以完成文字标题的设计与排版。

任务实施

（1）新建一个宽度 16 厘米、高度 10 厘米、分辨率 300 像素 / 英寸、背景为白色的文件，如图 5.21 所示。

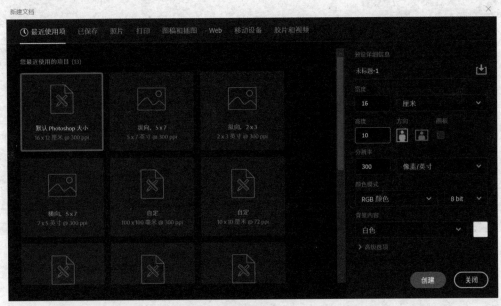

图 5.21

（2）选择横排文字工具，设置选项栏上的字体为"方正粗倩简体"，"字体大小"为"72 点"，调整文本颜色，在文件窗口中输入文字"秋"，"图层"面板新增文字图层，如图 5.22 所示。

图 5.22

（3）依次输入文字"季""上""新"。每个文字都位于独立图层，调整文字大小和位置，如图 5.23 所示。

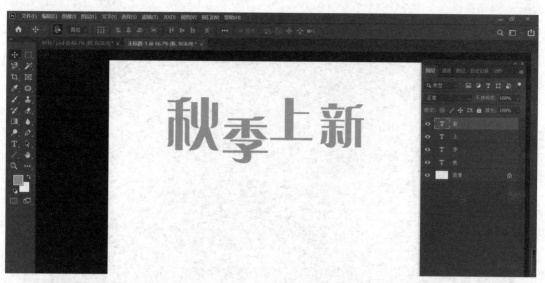

图 5.23

（4）新建"图层 1"，用椭圆工具画一个圆形，如图 5.24 所示。

图 5.24

（5）按 Ctrl+J 快捷键复制"图层 1"，出现"图层 1 拷贝"图层，移动圆形的位置，如图 5.25 所示。

（6）分别输入文字"新""品"，并置于圆形的上方，如图 5.26 所示。

（7）选择横排文字工具，输入文字"NEW AUTUMN"，调整文字大小和位置，如图 5.27 所示。

（8）选择横排文字工具，输入文字"全场买一送一 / 各大品牌服装均为秋季大热"，调整文字大小和位置，如图 5.28 所示。

图 5.25

图 5.26

图 5.27

（9）新建"图层 2"，用矩形选框工具在画面画出选区，如图 5.29 所示。

（10）右击，在弹出的快捷菜单中选择"描边"命令，如图 5.30 所示。在弹出的"描边"对话框中设置描边参数，如图 5.31 所示，其效果如图 5.32 所示。

图 5.28

图 5.29

图 5.30

图 5.31

图 5.32

（11）用矩形选框工具在图 5.33 中画出选区。删除后的效果如图 5.34 所示。

图 5.33

（12）新建"图层 3"，用矩形选框工具在图 5.35 中画出选区并填充颜色，输入文字"AUTUMN 超市超值优惠"，如图 5.36 所示。

（13）新建"图层 4""图层 5""图层 6"，用椭圆工具在画面中画出 3 个圆形并调整透明度，如图 5.37 所示。

（14）最终效果如图 5.38 所示。

图 5.34

图 5.35

图 5.36

图 5.37

图 5.38

任务拓展

在网上找一张优秀的文字海报标题设计图片，进行临摹制作。

任务 3 文字的创意填充

任务分析

本任务中文字要填充线条、色块以及图片。线条用线形工具来完成，色块用钢笔工具和创建剪贴蒙版完成，图片通过色块创建剪贴蒙版之后调整图层混合选项来完成。

任务实施

（1）创建新文件，设置文件宽度为30厘米、高度为20厘米、分辨率为72像素/英寸、背景为黑色，如图5.39所示。

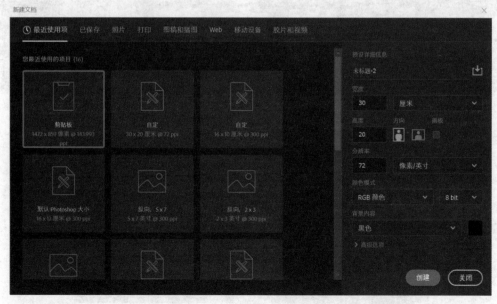

图 5.39

（2）选择横排文字工具，输入文字，颜色为白色，如图 5.40 所示。

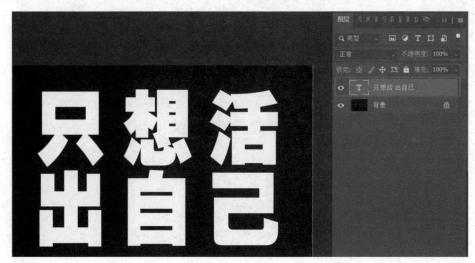

图 5.40

（3）将光标置于文字图层上方右击，在弹出的快捷菜单中选择"栅格化文字"命令，如图 5.41 所示。栅格化后的文字图层显示为普通图层，如图 5.42 所示。

图 5.41

（4）新建"图层 1"，如图 5.43 和图 5.44 所示。

图 5.42   图 5.43

图 5.44

（5）复制"图层 1"为"图层 1 拷贝"图层，如图 5.45 所示，按 Ctrl+T 快捷键调整"图层 1 拷贝"图层的位置，如图 5.46 所示。

（6）按 Shift+Ctrl+Alt+T 组合键复制 14 个图层，如图 5.47 所示。之后选择所有线条图层右击，在弹出的快捷菜单中选择"合并图层"命令，如图 5.48 和图 5.49 所示。

图 5.45

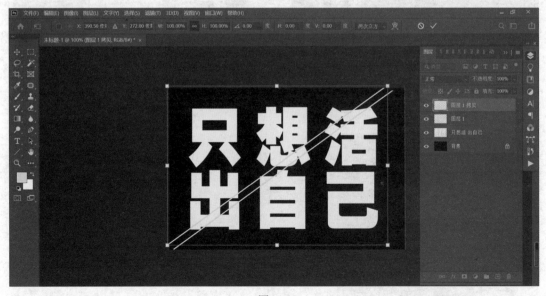

图 5.46

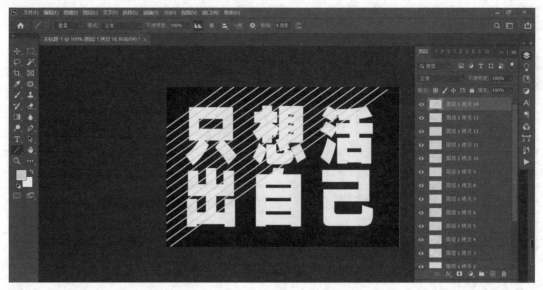

图 5.47

图 5.48

图 5.49

（7）按住 Ctrl 键单击"图层 1 拷贝 14"的缩略图，选中此图层，如图 5.50 所示。右击创建剪贴蒙版，得到如图 5.51 所示的效果。

（8）新建"图层 1"，用钢笔工具勾出如图 5.52 所示部分。按 Ctrl+Enter 快捷键建立选区，得到如图 5.53 所示的效果。将选区填充为黄色，如图 5.54 所示。

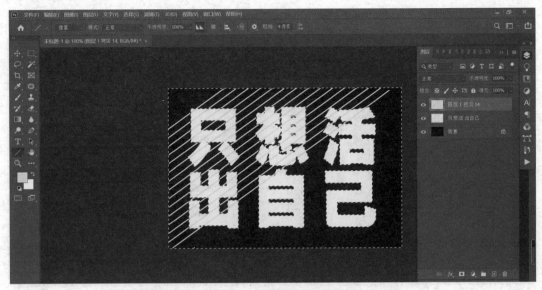

图 5.50

图 5.51

图 5.52

图 5.53

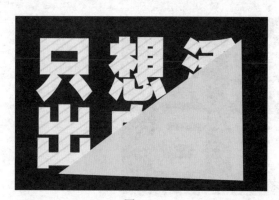

图 5.54

（9）将"图层 2"拖至"图层 1 拷贝 14"的下方，右击创建剪贴蒙版，如图 5.55 所示。效果如图 5.56 所示。

图 5.55

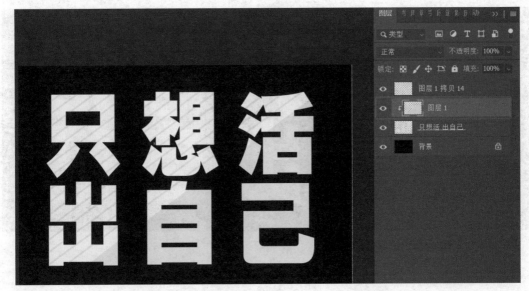

图 5.56

（10）将素材文件拖动至"图层 1 拷贝 14"的下方，如图 5.57 所示，右击创建剪贴蒙版，如图 5.58 所示。

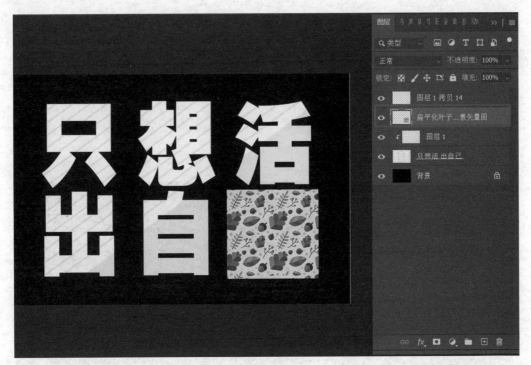

图 5.57

（11）任务完成效果如图 5.59 所示。

任务拓展

做创意文字的练习，可以填充图案，也可以填充图片或其他。

图 5.58

图 5.59

任务 4　书法文字选取与设计

任务分析

在平常的设计工作中经常会用到书法字体，在网上找到需要的书法文字后，如何选取成了一个难题。用色彩范围来选取书法字体能较好地保持它的笔触，然后可根据主题给它配上相关的图案。

任务实施

（1）新建一个宽度为 20 厘米、高度为 20 厘米、分辨率为 300 像素 / 英寸的白色背景文件，如图 5.60 所示。

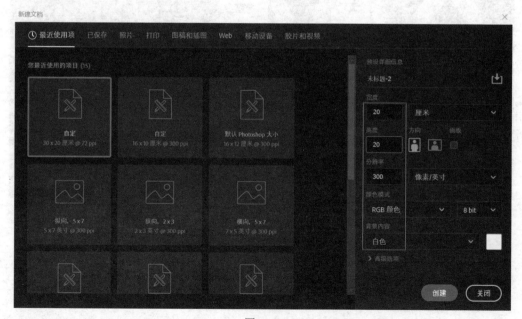

图 5.60

（2）打开书法文字素材，如图 5.61
所示。

（3）选择"选择"→"色彩范围"命令，
如图 5.62 所示。进行如图 5.63 所示的设置，
确认之后得到的选区如图 5.64 所示。

图 5.61

图 5.62

图 5.63

图 5.64

（4）将选择区域直接拖动到新建的文件中，如图 5.65 所示，新增"图层 1"。

图 5.65

（5）用魔棒工具选中"味"字的口部，右击，在弹出的快捷菜单中选择"通过拷贝的图层"命令，如图 5.66 所示，新增"图层 2"。

（6）将红色的背景素材拖动到文件中，右击，在弹出的快捷菜单中选择"创建剪贴蒙版"命令，如图 5.67 所示，执行操作后形成如图 5.68 所示的效果。

（7）将祥云素材抠选拖动到文件中，调整不透明度为 49%，如图 5.69 所示。

图 5.66

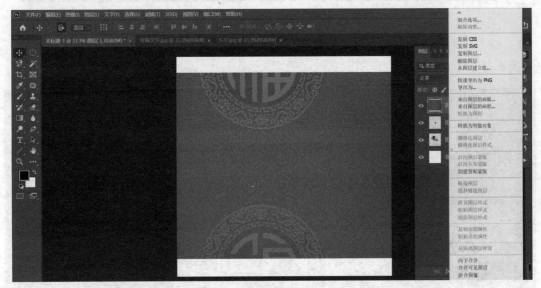

图 5.67

图 5.68

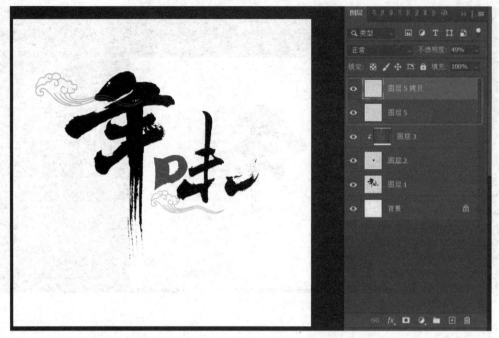

图 5.69

（8）选中年味文字图层 1，单击图层样式，设置投影效果，调整不透明度为 49%，如图 5.70 所示。

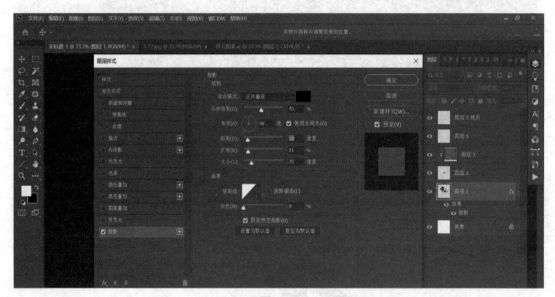

图 5.70

（9）最终效果如图 5.71 所示。

任务拓展

选用书法字体，做一个中国节日的文字设计作品。

图 5.71

任务 5　路径文字填充小象剪影

任务分析

在平面设计过程中，会遇到各种文字剪影排版的形式，那么怎么来完成这种排版呢？其主要用的是形状与文字工具的结合来进行制作的。

任务实施

（1）新建一个宽度为 20 厘米、高度为 20 厘米、分辨率为 300 像素 / 英寸、背景为白色的文档，如图 5.72 所示。

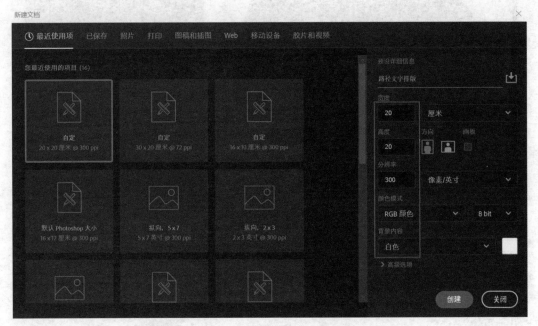

图 5.72

（2）选择自定形状工具，前景色为黑色，设置如图 5.73 所示。

图 5.73

（3）选择小象形状，在画面中拉出一个小象的形状，如图 5.74 所示。

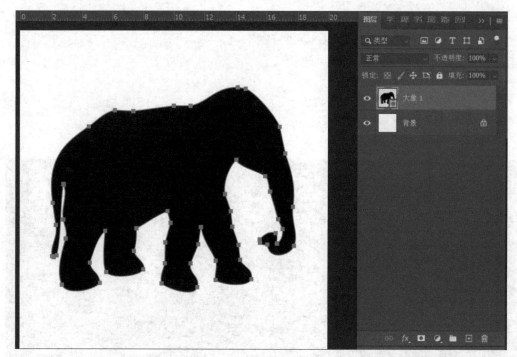

图 5.74

（4）选择横排文字工具，字符设置如图 5.75 所示。当鼠标指针显示为 T 字外面一个圆形的时候，单击并输入英文段落的文字，如图 5.76 所示。

（5）选择其中的几个字母，调整其字号大小，字符设置如图 5.77 所示。确认后的效果如图 5.78 所示。

图 5.75

图 5.76

图 5.77

图 5.78

（6）选择"大象 1"图层，用路径选择工具选中外形路径，如图 5.79 所示。将光标移到路径边缘，当光标出现 T 字下方一条曲线时，单击并输入文字，如图 5.80 所示。

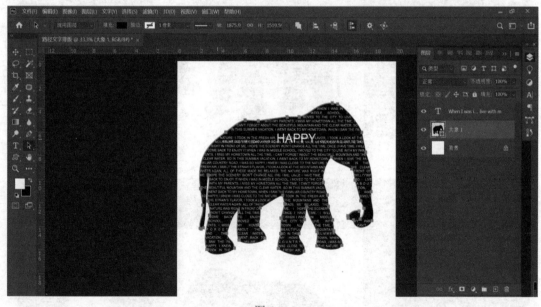

图 5.79

（7）最终效果如图 5.81 所示。

任务拓展

在 Photoshop 里选用任意一个形状，做路径文字的编排。

图 5.80

图 5.81

任务 6　动漫线稿上色

任务分析

给动漫线稿上色。将如图 5.82 所示的一张线稿，裁切并重新构图，进行线条提取，用魔棒工具进行区域选取及颜色填充，最后用钢笔路径工具选出暗部区域，进行填充上色，效果如图 5.83 所示。

图 5.82 图 5.83

任务实施

（1）打开素材图片。

（2）改变图像的大小，重新构图。将同一张图片改变大小，把图像中的部分信息去掉，即裁剪图片，需要用到工具箱中的裁剪工具。选择裁剪工具，图像上将出现 8 个节点的选框，拖动四角上的节点可以进行比例缩放，每一条边正中间的节点可在对应边的方向上进行缩放，如图 5.84 所示。

图 5.84

（3）线稿提取。

① 为便于上色，首先提取出线稿。选择"选择"→"色彩范围"命令，打开"色彩范围"对话框，用吸管工具选取白色，将颜色容差值调到最大，单击"确定"按钮。按图 5.85 和图 5.86 所示进行调整。

图 5.85

图 5.86

② 确定后会出现一个选区，在这个选区中将画面中所有的白色选取，按 Shift+Ctrl+Y 组合键选区反选，画面中的黑色线稿部分被选中，新建图层，对选区内添加黑色。按图 5.87 和图 5.88 所示进行调整。

图 5.87

图 5.88

③ 在线稿下面一层建一个新图层，对新图层添加白色，如图 5.89 所示。

④ 用魔棒工具选取线稿的内部区域，新建图层，添加颜色。按图 5.90 和图 5.91 所示进行调整。

图 5.89

图 5.90

⑤ 用钢笔工具选出暗部区域，把路径变成选区，按 Ctrl+Enter 快捷键，添加暗部颜色，按 Ctrl+D 快捷键取消选区。按图 5.92 所示进行调整。

图 5.91

图 5.92

（4）最终效果如图 5.93 所示。

任务拓展

对如图 5.94 所示的线稿进行上色练习。

图 5.93

图 5.94

任务 7　使用 3D 功能制作立体文字

任务分析

立体文字在平面设计中经常会用到，3D 功能使用起来非常简便，打开面板调整几个参数就可以完成。

任务实施

（1）新建文件，如图 5.95 所示。

图 5.95

（2）用横排文字工具输入文字，选择一个笔画比较粗壮且均衡的字体，按图 5.96 所示进行设置。

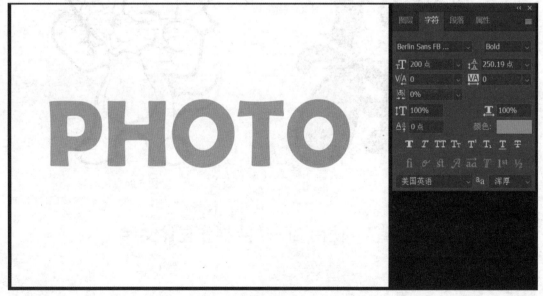

图 5.96

（3）在"图层"面板的文字图层处右击，在弹出的快捷菜单中选择"栅格化文字"命令，如图 5.97 所示。

图 5.97

（4）选择 3D →"从所选图层新建 3D 模型"命令，如图 5.98 所示。执行操作后出现如图 5.99 所示的 3D 面板。

图 5.98

（5）选择环境，用鼠标在画面中拖动，如图 5.100 所示。

（6）选择场景，用鼠标在画面中拖动，调整其位置角度，如图 5.101 所示。

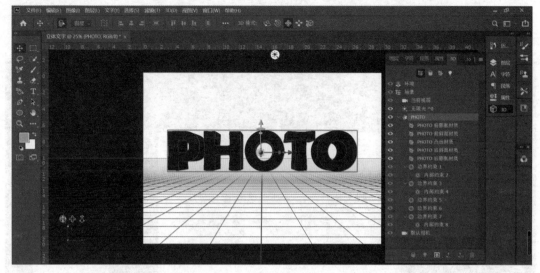

图 5.99

图 5.100

图 5.101

（7）选择 PHOTO，可以对文字赋予材质，这里选择"PHOTO 凸出材质"选项，如图 5.102 所示。

图 5.102

（8）在"属性"面板中对材质进行调整，参数如图 5.103 所示。

图 5.103

（9）单击面板下方的渲染按钮进行渲染，时间会比较长，需耐心等待，如图 5.104 所示。

图 5.104

（10）最终导出文件的效果如图 5.105 所示。

图 5.105

任务 8　制作三角块面风格插图

任务分析

我们经常能在网上看到一些三角块面效果的插图，其视觉效果强，风格独特。这种块面风格插图的绘制，首先要准备一张光影效果明显的素材图，最好是半侧光效果的图。

任务实施

（1）打开素材图片，如图 5.106 所示。

（2）复制"背景"图层，改图层名称，做好在上方图层里进行绘制的准备，如图 5.107所示。

（3）用多边形索套工具 在新图层上找到狗耳朵的边缘处，根据对象的立体结构和光影色彩变化，绘制三角形的选区，如图 5.108 所示，起点与终点重合后将得到如图 5.109所示的选区，注意其必须是三角形。

（4）选择"滤镜"→"模糊"→"平均"命令，如图 5.110 所示。

（5）在选区内生成一个与原图肌理、色彩基本一致的色块，如图 5.111 所示。

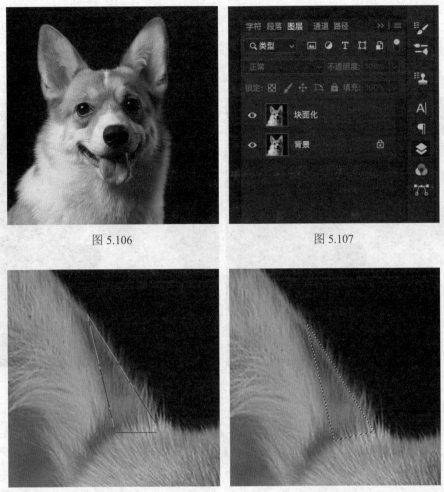

图 5.106　　　　　　　　　　　　　　图 5.107

图 5.108　　　　　　　　　　　　　　图 5.109

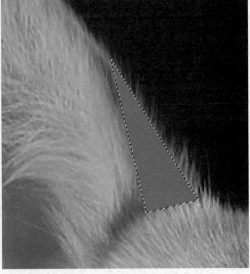

图 5.110　　　　　　　　　　　　　　图 5.111

（6）以第一个三角形为基准，根据对象的立体结构和色彩，绘制其他的三角形，同样使用"模糊"滤镜中的"平均"选项，进行填色。整个过程要求有耐心并且非常细心，三角形与三角形之间的边线要贴齐。一个一个地完成，注意明暗关系，效果如图 5.112 所示。

（7）最后用三角形的色块填满对象，完成效果如图 5.113 所示。

图 5.112   图 5.113

任务拓展

自己找一张动物图片，制作三角块面色彩效果的图片。

Project 6
项目 6

合成图片

项目概述

    本项目通过用 Photoshop 制作名片、海报、图书封面、包装、简历、宣传单等常用的平面设计案例，实现数字图片的合成。

学习目标

- 了解常用的平面设计作品的制作方法。
- 能熟练制作常用的平面设计作品。

任务 1　景观剖透视图制作

任务分析

基于建筑建模软件导出的建筑场景，在对场景图片进行编辑后，再利用 Photoshop 的图像选择、图层编辑、图层顺序调整等功能，添加植被图像、背景图像，标注图像以完成一幅完整的景观剖透视图的制作。

任务实施

（1）启动软件。从"开始"菜单启动 Photoshop，如图 6.1 所示。

图 6.1

（2）单击"新建"按钮，打开"新建文档"对话框。尺寸输入：宽度为 420 毫米、高度为 297 毫米、分辨率为 300 像素 / 英寸。单击"创建"按钮，如图 6.2 所示。

图 6.2

（3）编辑建筑场景。

① 打开素材库，找到如图 6.3 所示的素材，将建筑素材拖动至 Photoshop 界面，单击 ✓ 按钮或按 Enter 键确认，如图 6.4 所示。

图 6.3

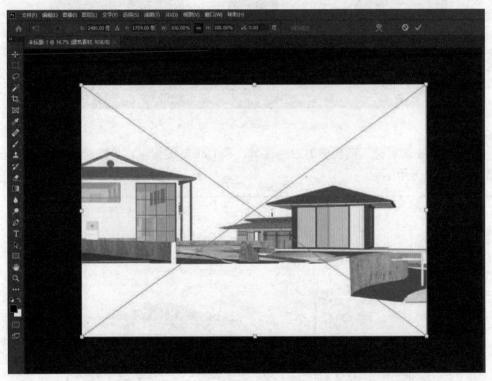

图 6.4

② 选中"建筑素材"图层并右击，在弹出的快捷菜单中选择"栅格化图层"命令，如图 6.5 所示。

③ 选择魔棒工具，如图 6.6 所示。

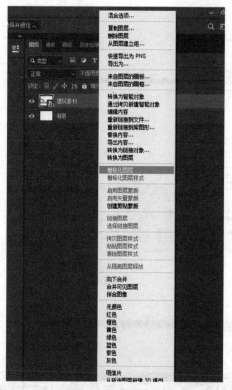

图 6.5

图 6.6

④ 单击添加到选区，将"容差"改为 5，如图 6.7 所示。

图 6.7

⑤ 选择"建筑素材"图层中的白色区域，按 Delete 键删除，再按 Ctrl+D 快捷键，取消选择，如图 6.8 所示。

图 6.8

（4）添加远景的植物图像。

① 添加远景植物，将素材 1，拖动至 Photoshop 界面，将光标移动至素材 1 的右上角，长按鼠标左键，调整尺寸如图 6.9 所示，单击 ☑ 按钮确定。

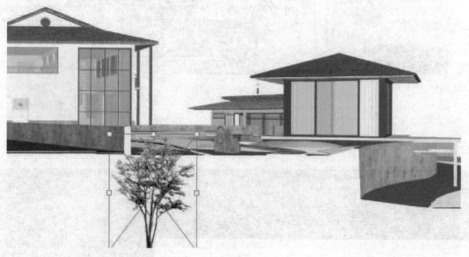

图 6.9

② 调整植物的位置，选择 1 图层，拖动至建筑的后方，如图 6.10 所示。

图 6.10

③ 调整植物的不透明度为 50%，如图 6.11 所示。

④ 复制 1 图层，选择图层 1，按住 Ctrl+Alt 快捷键，同时单击，复制 4 个远景植物的图层，如图 6.12 所示。

⑤ 调整远景植物的尺寸大小及位置，选择 "1 拷贝"图层，按 Ctrl+T 快捷键，将光标移至 "1 拷贝"图层，调整尺寸和位置，如图 6.13 所示，单击 ☑ 按钮确定。

图 6.11

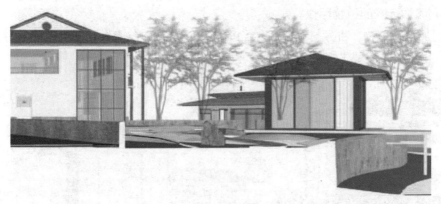

图 6.12

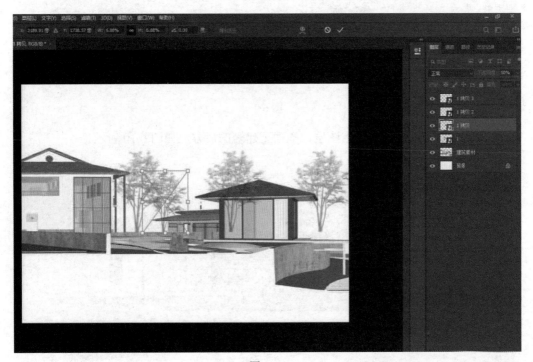

图 6.13

⑥ 调整"1 拷贝"图层的不透明度为 30%，如图 6.14 所示。

⑦ 依次调整"1 拷贝 2"图层和"1 拷贝 3"图层，包括尺寸和位置，如图 6.15 所示。

⑧ 选择"1 拷贝 3"图层，按 Ctrl+U 快捷键，调整色相如图 6.16 所示；然后将其不透明度调整为 30%，如图 6.17 所示。

⑨ 调整图层顺序，按住 Shift 键单击，选择前 4 个图层，拖动至"建筑素材"图层的下方，如图 6.18 所示。

图 6.14

图 6.15

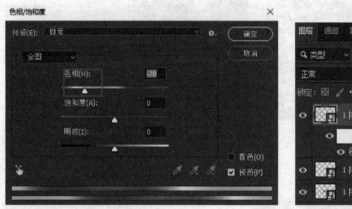

图 6.16

图 6.17

（5）添加近景植物的图像。

① 选择素材 2，拖动至 Photoshop 界面，如图 6.19 所示。调整尺寸及位置，调整其不透明度为 90%，如图 6.20 所示。

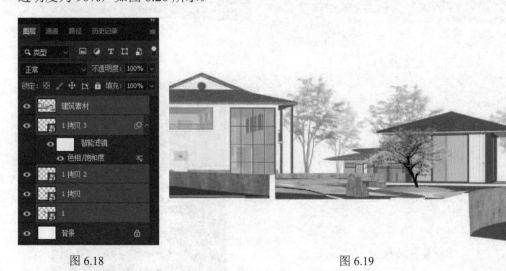

图 6.18

图 6.19

② 近景树投影的制作。选择 2 图层，按 Ctrl+J 快捷键复制为"2 拷贝"图层，并将其

栅格化图层，如图 6.21 所示；按 Ctrl+T 快捷键，弹出调整尺寸及位置的文本框，按住 Ctrl 键，移动文本框上的点，如图 6.22 所示；按 Shift+Ctrl+U 组合键，将"2 拷贝"图层去色，如图 6.23 所示；再将其不透明度调至 30%，如图 6.24 所示。

图 6.20

图 6.21

图 6.22

图 6.23

③ 添加近景的草本植物。将素材 3 拖动至 Photoshop 界面并调整尺寸和位置，如图 6.25 所示；将其不透明度设为 60%，如图 6.26 所示；再复制多个图层 3 草本植物，并调整其大小及尺寸，如图 6.27 所示；单击■创建"组 1"，如图 6.28 所示；将 3 图层至"3 拷贝 20"图层全选，并拖动至"组 1"中，单击■将组收拢，如图 6.29 所示。

图 6.24

图 6.25　　　　　　　　　　　　　　　图 6.26

图 6.27　　　　　　　　　　　　　　　图 6.28

④ 添加近景的装饰植物。将素材 1 拖动至 Photoshop 界面，如图 6.30 所示，调整图层尺寸及位置，并将其透明度调整至 90%。

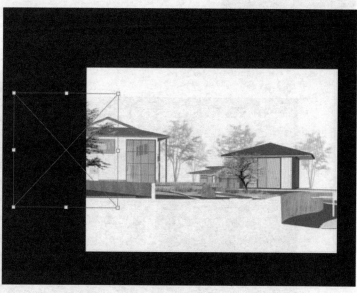

图 6.29　　　　　　　　　　　　　　图 6.30

（6）添加背景图像。

① 添加山体图层，单击▣创建新图层，并改名为"山"，如图 6.31 所示；选择钢笔

工具▧，选择形状 ，绘制山体形状，如图 6.32 所示；双击"山"图层，将颜色

调至如图 6.33 所示；并将"山"图层调整到"背景"图层上，如图 6.34 所示。

图 6.31

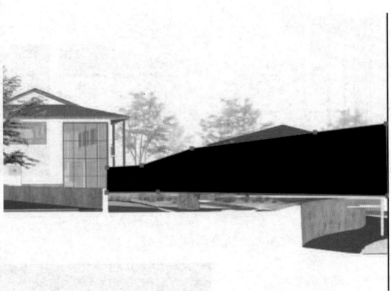

图 6.32

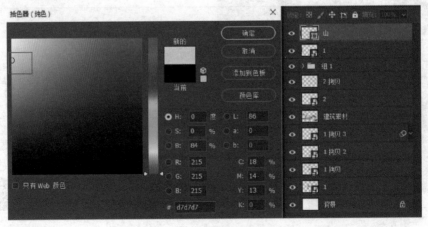

图 6.33

② 添加人物图像，将素材人拖动至 Photoshop 界面，并调整其尺寸和位置，如图 6.35 所示。

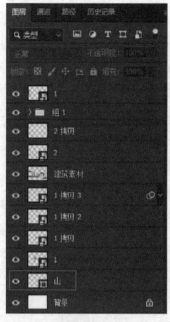

图 6.34

图 6.35

③ 添加车图像，将素材车拖动至 Photoshop 界面，并调整其尺寸和位置，如图 6.36 所示。

图 6.36

④ 添加飞鸟图像，将素材飞鸟拖动至 Photoshop 界面，并调整其尺寸和位置，如图 6.37 所示。

图 6.37

⑤ 添加地平线图像，创建新图层并命名为"地平线"，如图 6.38 所示；选择钢笔工具 ⬚ ，再选择路径 ⬚ 绘制地平线，如图 6.39 所示；选择路径文本框，如图 6.40 所示；选择画笔工具 ⬚ ，按 F5 键，设置参数如图 6.41 所示；调整前景色，如图 6.42 所示；单击"描边路径"按钮，如图 6.43 所示；删除路径如图 6.44 所示。

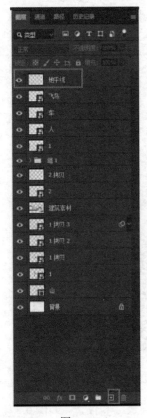

图 6.38

图 6.39

图 6.40

图 6.41

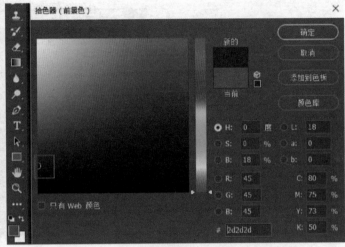

图 6.42

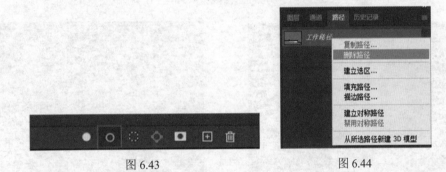

图 6.43

图 6.44

⑥ 添加土壤图像，将素材土拖动至 Photoshop 界面，调整尺寸及大小，并将图层顺序调整至"建筑素材"图层的下面，如图 6.45 所示。

图 6.45

（7）添加标注图层。

① 创建新图层，并命名为"标注线"，如图 6.46 所示。

② 设置近景色，如图 6.47 所示。

图 6.46   图 6.47

③ 选择画笔工具 ，按 F5 键，调整画笔参数，如图 6.48 和图 6.49 所示。

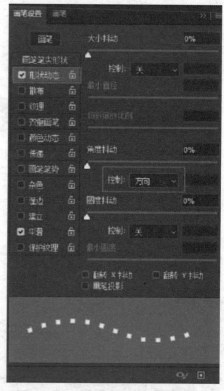

图 6.48   图 6.49

④ 绘制标注线，如图 6.50 所示，按住 Shift 键可绘制直线。

⑤ 添加文字标注，选择横排文字工具 ，添加文字车行道，具体参数如图 6.51 所示。

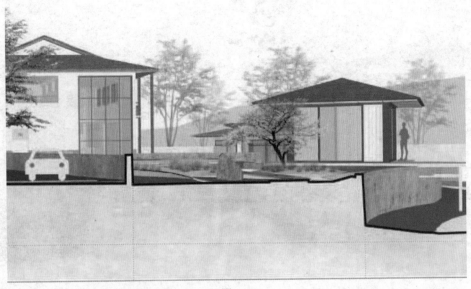

图 6.50

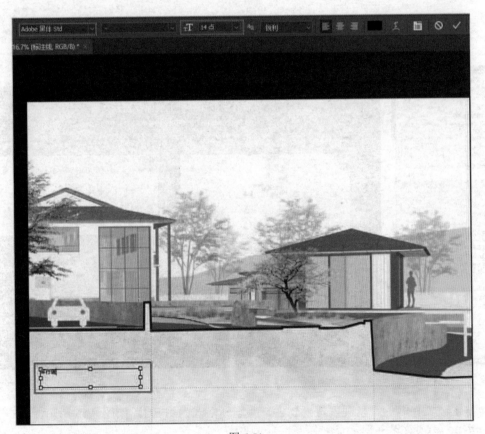

图 6.51

⑥ 依次添加多个文字图层，调整文字的位置，如图 6.52 所示。

（8）存储图像。

① 选择"文件"→"储存为"命令，如图 6.53 所示。

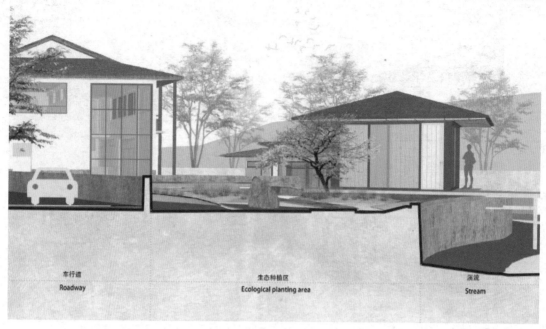

车行道
Roadway

生态种植区
Ecological planting area

溪流
Stream

图 6.52

② 单击"保存在您的计算机上"按钮，如图 6.54 所示。

图 6.53　　　　　　　　　　　　　　　　　图 6.54

③ 更改文件名为"景观剖透视图"，并选择格式为 JPEG，如图 6.55 所示。单击"确定"按钮，完成任务。

任务拓展

利用提供的素材，完成一幅剖透视图的制作。

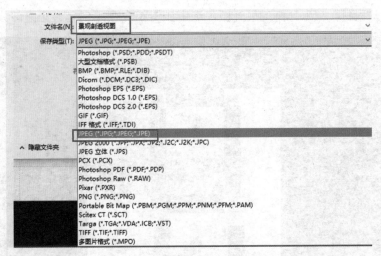

图 6.55

任务 2　木锤酥包装效果图制作

任务分析

包装效果图，是在设计出包装的展开图之后进行的创作。要让客户能够直观地看到它的立面效果，不仅要有立体效果，还要有光影效果，令其真实而有吸引力。

任务实施

（1）新建一个 A4 大小、名称为"木锤酥"的文档，分辨率设为 300 像素 / 英寸，如图 6.56 所示。

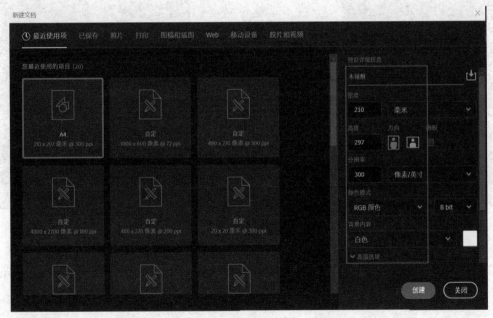

图 6.56

（2）打开素材文档木锤酥的展开图，选中如图 6.57 所示的包装正面部分。

图 6.57

（3）拖动到新建的木锤酥文档中。按 Ctrl+T 快捷键出现调节框，调整图片大小，如图 6.58 所示。右击，在弹出的快捷菜单中选择"扭曲"命令，拉动 4 个角调整成如图 6.59 所示的形状。

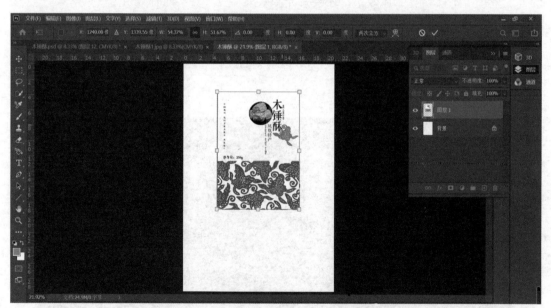

图 6.58

（4）打开素材，选取底部部分，如图 6.60 所示，拖动至新建的木锤酥文档中。按 Ctrl+T 快捷键出现调节框，调整图片大小，如图 6.61 所示。右击，在弹出的快捷菜单中选择"扭曲"命令，拉动 4 个角调整成如图 6.62 所示的形状。

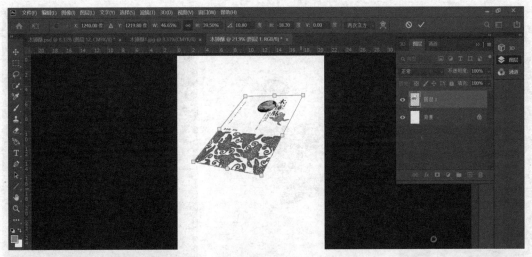

图 6.59

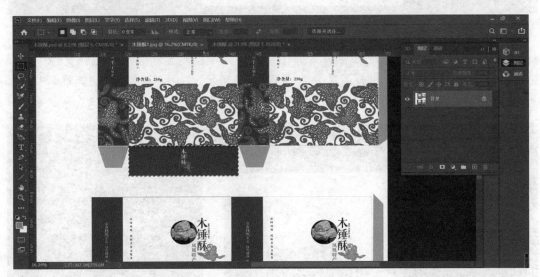

图 6.60

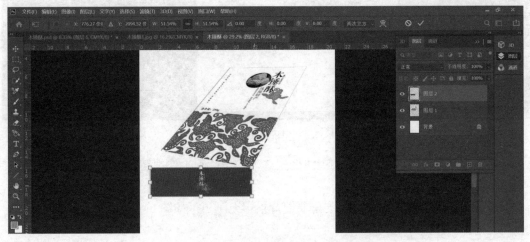

图 6.61

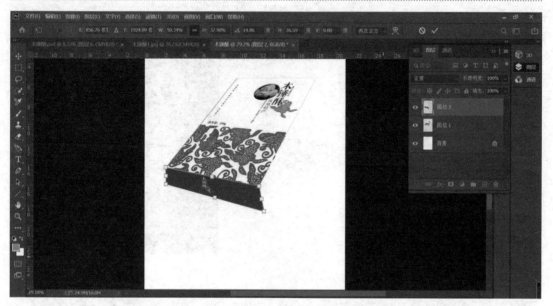

图 6.62

（5）打开素材，选取侧面部分，如图 6.63 所示，拖动至新建的木锤酥文档中。按 Ctrl+T 快捷键出现调节框，调整图片大小，如图 6.64 所示。右击，在弹出的快捷菜单中选择"扭曲"命令，拉动 4 个角调整成如图 6.65 所示的形状。

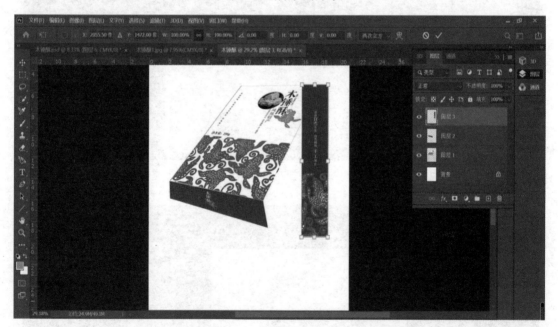

图 6.63

（6）选中"图层 1""图层 2""图层 3"，按 Ctrl+T 快捷键出现调节框，如图 6.66 所示，调整图片大小。

（7）为了使显示效果更好，这里要给背景填充颜色，如图 6.67 所示。

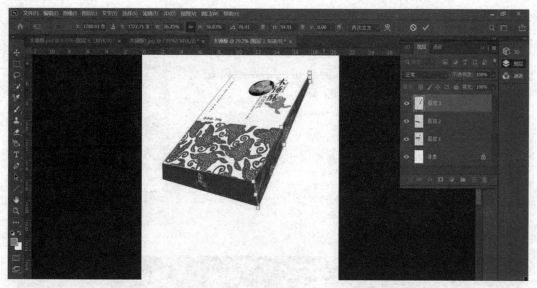

图 6.64

图 6.65

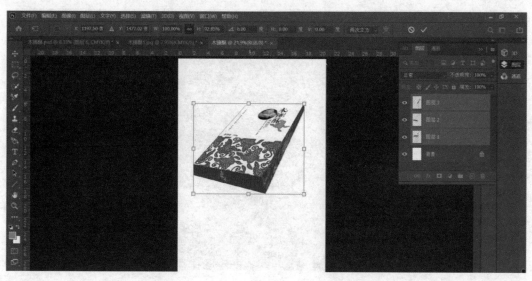

图 6.66

（8）用钢笔工具勾出如图 6.68 所示的投影部分。

（9）按 Ctrl+Enter 快捷键变为选区，如图 6.69 所示，新建"图层 4"，置于"背景"图层上方，用渐变工具拉出投影效果。

（10）新建"图层 5"，置于"背景"图层上方，用钢笔工具勾出如图 6.70 所示的部分。

（11）按 Ctrl+Enter 快捷键变为选区，选择"选择"→"修改"→"羽化"命令，如图 6.71 所示，在弹出的对话框中设置"羽化半径"为 5 像素，如图 6.72 所示。

图 6.67

图 6.68

图 6.69

图 6.70

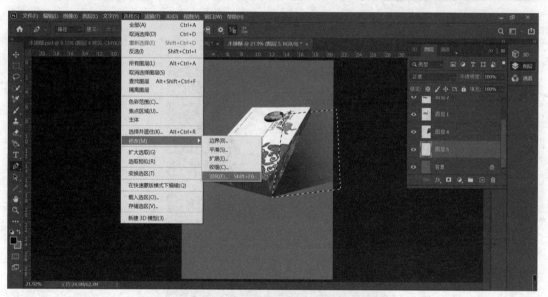

图 6.71

图 6.72

（12）拉出渐变效果，如图 6.73 所示。

图 6.73

（13）选用模糊工具，对投影部分进行调整，如图 6.74 所示。

图 6.74

（14）按住 Ctrl 键的同时单击"图层 3"缩略图建立选区，新建"图层 6"，如图 6.75 所示。给"图层 6"填充黑色，并调整"图层 3"的不透明度为 52%，使之变暗，如图 6.76 所示。

（15）选中"图层 2"，选择"图像"→"调整"→"色相 / 饱和度"命令，使之颜色变深，如图 6.77 所示。

图 6.75

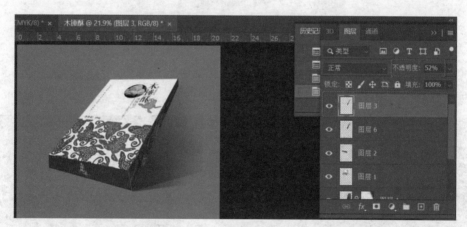

图 6.76

图 6.77

（16）拖动到素材木锤酥的罐子上，效果如图 6.78 所示。

图 6.78

（17）拉进包装上的正面部分，按 Ctrl+T 快捷键之后右击，用"变形"命令调整至如图 6.79 所示的效果。

图 6.79

（18）整体调整一下位置及背景的颜色。将罐子标签的右侧部分用加深工具稍微加深，让它形成明暗关系。这时发现盒子的投影还是比较突兀，将盒子包装的两投影层合并，再加个图层蒙版，来个黑到透明的渐变，将投影处理自然，效果如图 6.80 所示。

图 6.80

（19）最终效果如图 6.81 所示。

图 6.81

任务拓展

给你最喜欢吃的零食做个包装效果图。

任务 3　西餐厅宣传单合成

任务分析

经常会见到餐厅宣传单，每一家餐厅为了吸引更多的食客来品尝美味的食物，会定期派发一些餐饮的宣传单，进行宣传。宣传单的构成主要为餐厅名称、二维码、食物及主要食材。我们要通过选取素材，调整处理素材图片，再结合文字合成图片。

任务实施

（1）新建一个 A4 大小的文件，分辨率设为 300 像素 / 英寸，具体如图 6.82 所示。

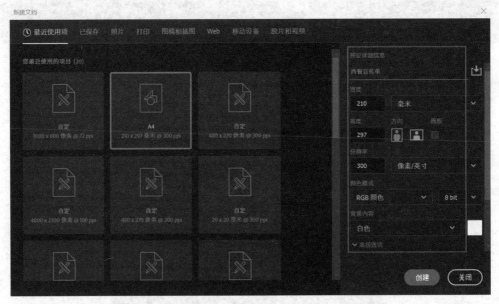

图 6.82

（2）拉入木纹素材，选择"图像"→"调整"→"色阶"命令，具体设置如图 6.83 所示。确认后效果如图 6.84 所示。

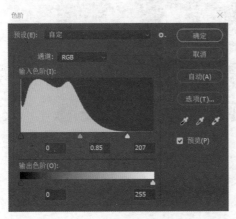

图 6.83

图 6.84

（3）抠取菜板素材，选择"图像"→"调整"→"色阶"命令，具体设置如图 6.85
所示。

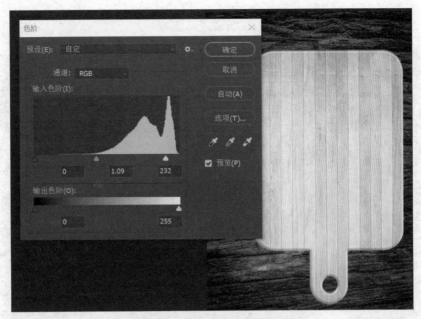

图 6.85

（4）用横排文字工具输入文字，调整文字颜色及大小，如图 6.86 所示。接着输入其
他文字效果，如图 6.87 所示。

图 6.86

图 6.87

（5）用横排文字工具输入价格，颜色为白色，如图 6.88 所示。然后在文字下方建一个图层，用形状工具画出一个圆角柜形。按住 Ctrl 键选中这两个图层，然后单击"图层"面板下方最左边的链接按钮，链接图层，如图 6.89 所示。确认后的效果如图 6.90所示。

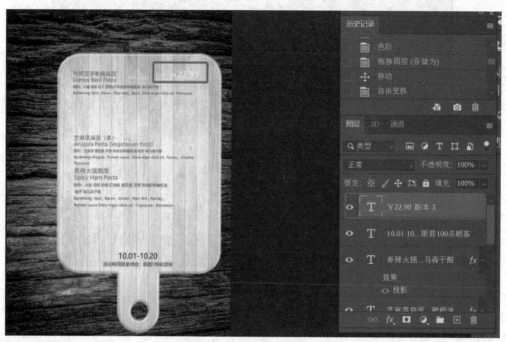

图 6.88

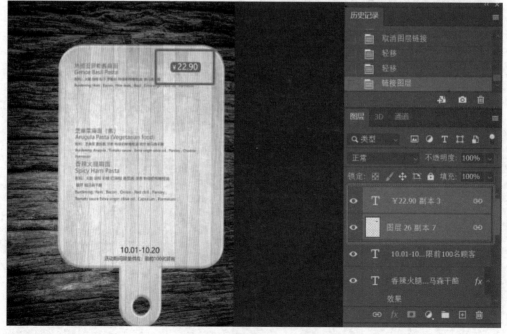

图 6.89

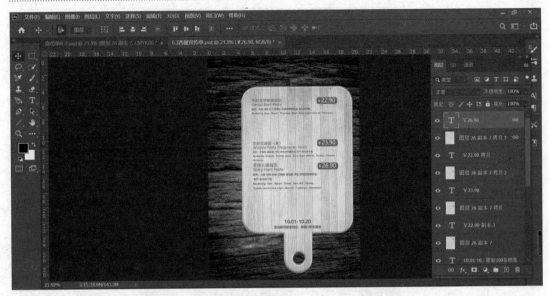

图 6.90

（6）在素材库中抠选素材面，放入菜板的合适位置，如图 6.91 所示。接着抠选素材披萨，如图 6.92 所示。

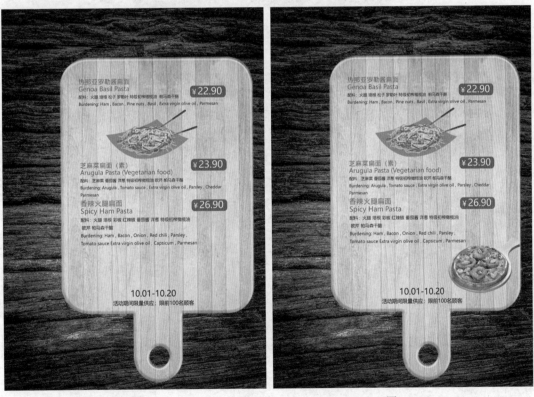

图 6.91   图 6.92

（7）在素材库中抠选素材西红柿，放入画面左上角的位置，如图 6.93 所示。接着设置其图层样式，如图 6.94 所示。

图 6.93

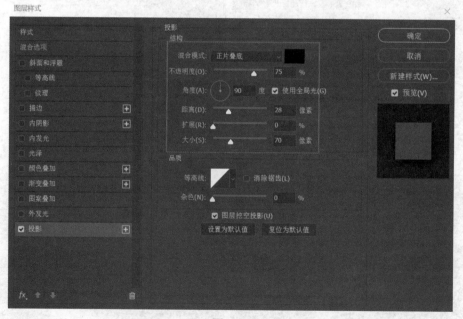

图 6.94

　　（8）复制一个西红柿图层，置于合适的位置，再抠选团面进入文件，放置到如图 6.95 所示的位置，单击西红柿图层，右击拷贝图层样式，再单击团面图层，右击粘贴图层样式。

　　（9）依次将勺子和叉子抠选进来并粘贴图层样式，置于如图 6.96 所示的位置。

图 6.95

图 6.96

（10）将二维码抠选并拉入画面，放于菜板下方的位置，如图 6.97 所示。

图 6.97

（11）输入"M 西餐厅"，调整文字大小，在如图 6.98 所示的位置，于图层处右击，拷贝图层样式，如图 6.99 所示。

图 6.98

图 6.99

（12）将其他素材依次抠选进来，调整其大小、位置、角度，置于如图 6.100 所示的位置，选中这些图层并右击，拷贝图层样式。

图 6.100

（13）选择最上面的一个图层，单击"图层"面板下方的"创建新的填充或调整图层"

按钮，调整色相 / 饱和度，置于如图 6.101 所示的位置，选中这些图层并右击，拷贝图层样式。

图 6.101

（14）统一色调后的效果如图 6.102 所示。

图 6.102

任务拓展

为自己喜欢的餐厅做个宣传单。

任务 4   《拼布绣创意装饰画集》封面制作

任务分析

书籍的封面一般由文字、图像、色彩三大要素组成。封面设计师就是根据书籍内容的不同性质、用途和读者对象，把这三者进行有机整合，再经过提炼和创意联想，以传递信息为目的并以一种美感的形式，通过视觉效果呈现给读者，从而表现出书籍的丰富内涵。

任务实施

（1）新建一个 A4 大小的文档，将分辨率设为 300 像素 / 英寸，背景为白色，如图 6.103 所示。

图 6.103

（2）新建"图层 1"，用矩形工具在画面上拖出一个矩形，如图 6.104 所示。

（3）再新建"图层 2"，用矩形工具再次拖出一个矩形，如图 6.105 所示。

（4）用横排文字工具设置输入文字"拼布绣创意装饰画集"，效果如图 6.106 所示。

（5）将素材图片装饰画拉进画面，置于如图 6.107 所示的位置，用矩形工具在画面上拖出一个矩形，如图 6.107 所示。

图 6.104

图 6.105

图 6.106

图 6.107

（6）将素材图片装饰画图层进行图层样式描边的操作，如图 6.108 所示，具体设置如图 6.109 所示，单击"确定"按钮。最终效果如图 6.110 所示。

图 6.108

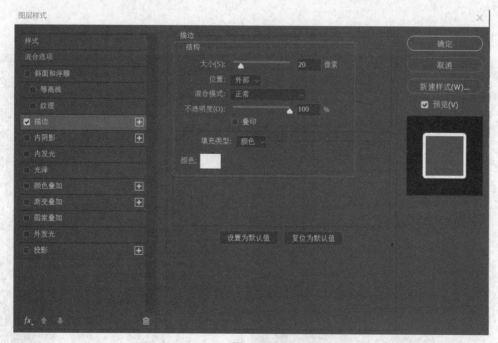

图 6.109

（7）用横排文字工具输入文字"湖南人民出版社"，设置参数如图 6.111 所示。

（8）用横排文字工具输入英文标题文字，设置参数如图 6.112 所示。

（9）沿着"图层 1"的色块作两条参考线，如图 6.113 所示。

图 6.110

图 6.111

图 6.112

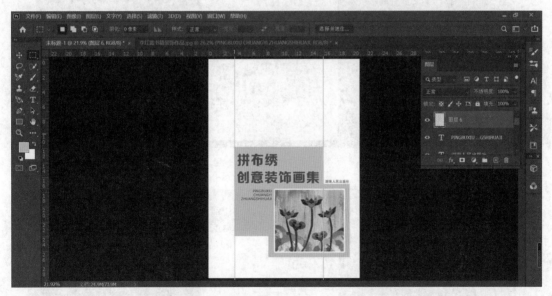

图 6.113

（10）用矩形选框工具在画面上方拉出一个如图 6.114 所示的矩形并新建"图层 6"，将选区填充为黄色。

（11）在黄色块的下方输入文字"湘南民族刺绣艺术创新系列丛书"，调整其位置及大小，如图 6.115 所示。

（12）新建"图层 7"，用直线工具，按住 Shift 键，在画面中拉出一条白色的直线，设置如图 6.116 所示。

图 6.114

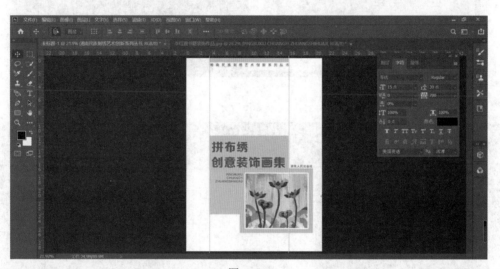

图 6.115

图 6.116

（13）复制"图层 7"为"图层 7 拷贝"图层，然后按 Ctrl+T 快捷键出现变换框，移动图层的效果如图 6.117 所示。

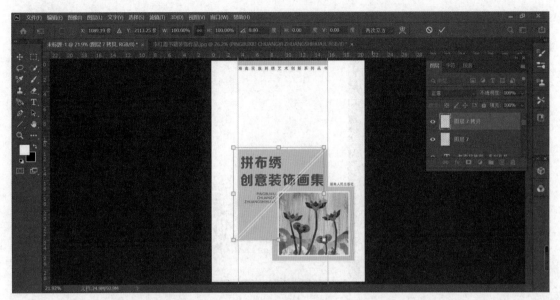

图 6.117

（14）按 Shift+Ctrl+Alt+T 组合键 22 次，按上一次操作复制 22 根线条，也即是 22 个图层，效果如图 6.118 所示。

图 6.118

（15）按住 Shift 键选中 24 个线条图层，右击合并图层。用矩形选框工具在黄色块中间选中一部分，之后反选，如图 6.119 所示。

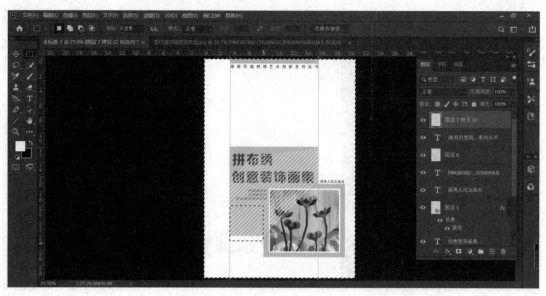

图 6.119

（16）删除选区部分，按 Ctrl+D 快捷键取消选择，效果如图 6.120 所示。

图 6.120

（17）新建"图层 7"，用直线工具，选用灰色，按住 Shift 键在画面中拉出一条灰色斜线，再新建"图层 8"，同上操作画出另一条灰色线，如图 6.121 所示。

图 6.121

（18）新建"图层 9"，在黄色块上方用椭圆工具画出一个黄色小圆形，效果如图 6.122 所示。

图 6.122

（19）复制"图层 9"为"图层 9 拷贝"图层，按 Ctrl+T 快捷键移动图形至图 6.123 所示的位置，按 Enter 键确认。

（20）按 Shift+Ctrl+Alt+T 组合键两次，按上一次操作复制两个圆点，也即是两个图层，效果如图 6.124 所示。

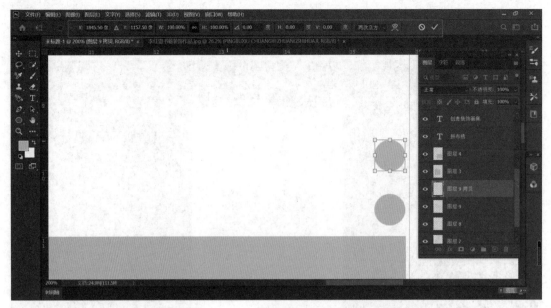

图 6.123

图 6.124

（21）将上方的 3 个圆点图层合并为"图层 9 拷贝 3"图层，操作如图 6.125 所示。

（22）将"图层 9 拷贝 3"图层复制为"图层 9 拷贝 4"，按 Ctrl+T 快捷键右击顺时针旋转 90°，调整其位置，效果如图 6.126 所示。

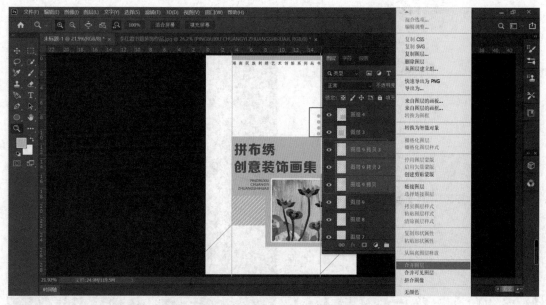

图 6.125

图 6.126

（23）将"图层 9 拷贝 4"图层复制为"图层 9 拷贝 5"，按 Ctrl+T 快捷键将光标放置到调节框的外围旋转 45°，调整其位置，效果如图 6.127 所示。

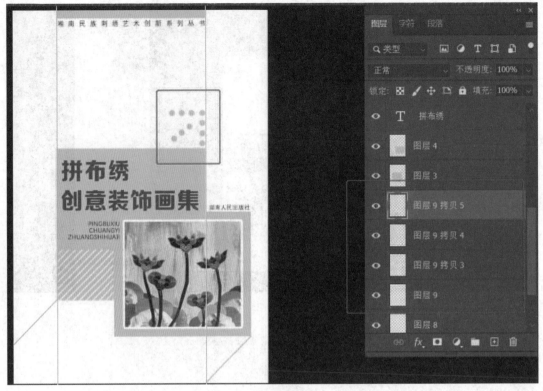

图 6.127

（24）用前文中介绍的画组线条的方法画线条，位移选项如图 6.128 所示。

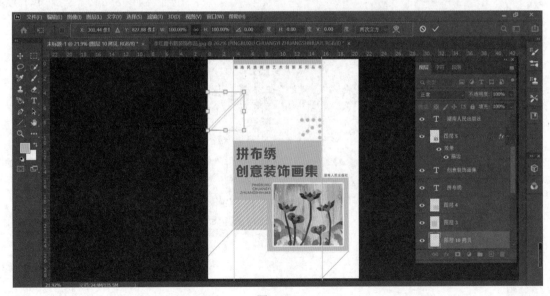

图 6.128

（25）线条绘制完成后，合并本组线条图层，成为"图层 10 拷贝 19"，再复制一个"图层 10 拷贝 20"，如图 6.129 所示。选中"图层 10 拷贝 19"，在画面左部用选框工具选中如图 6.129 所示的部分。反选删除并取消选择，如图 6.130 所示。

图 6.129

图 6.130

（26）选择横排文字工具，输入作者的名字，如图 6.131 所示。

图 6.131

（27）小圆标识可以用画一个圆形并填充黑色的方法实现，然后选择"选择"→"修改"→"收缩"命令，在弹出的对话框中将"收缩量"设为 4 像素，描白边，如图 6.132 和图 6.133 所示，在收缩选区填充白色，完成。

图 6.132

图 6.133

（28）细微调整位置，最终效果如图 6.134 所示。

图 6.134

任务拓展

找一本自己喜欢的书籍，进行封面制作。

任务 5　墨迹人物合成游乐场海报

任务分析

本任务主要运用创建剪贴蒙版来完成墨迹与图片的合成，进而处理图层之间的关系。

任务实施

（1）新建文档，设置如图 6.135 所示。

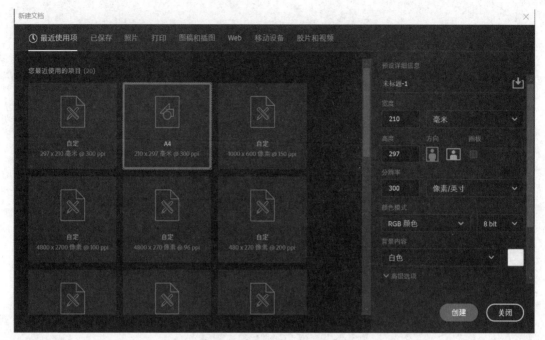

图 6.135

（2）在素材文件中选取如图 6.136 所示的墨迹，拖入文档中。

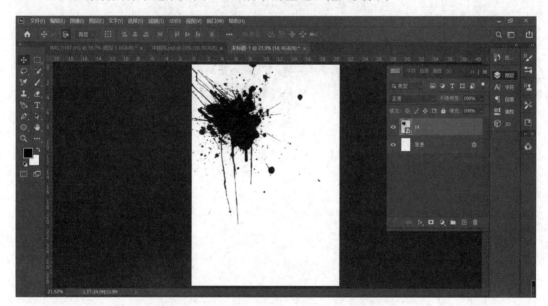

图 6.136

（3）将如图 6.137 所示的素材人物拖入文档，并在该素材图层处右击，执行创建剪贴蒙版的操作，得到如图 6.138 所示的效果。

（4）移动人物图层的位置，如图 6.139 所示。

（5）在素材文件中选取如图 6.140 所示的墨迹，拖入文档中。

（6）将如图 6.141 所示的素材人物拖入文档，并在该素材图层处右击，执行创建剪贴蒙版的操作，如图 6.142 所示。

图 6.137

图 6.138

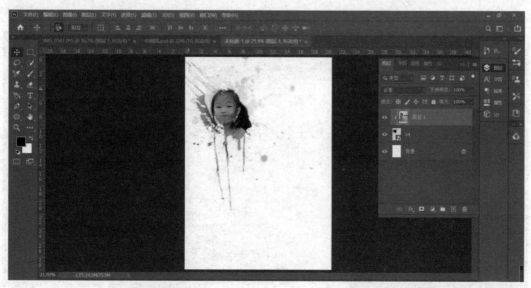

图 6.139

图 6.140

图 6.141

图 6.142

（7）分别单击两个人物图层，选择"图像"→"调整"→"曲线"命令，调整人物的亮度，如图 6.143 和图 6.144 所示。

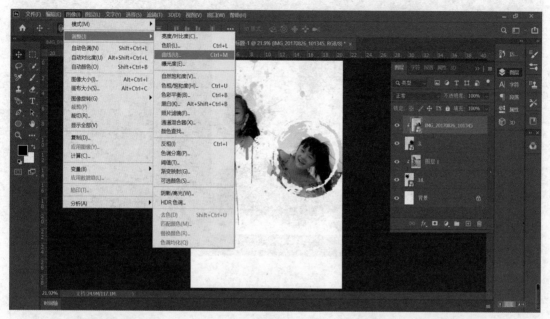

图 6.143

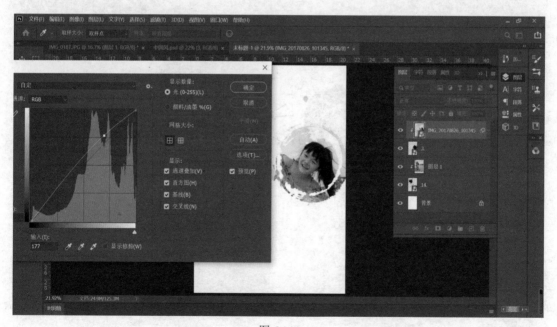

图 6.144

（8）在素材文件中选取如图 6.145 所示的墨迹，拖入文档中，用同上的方法完成图片的嵌入，如图 6.146 所示。

（9）在素材文件中选取如图 6.147 所示的标题文字，拖入文档中。

图 6.145

图 6.146

图 6.147

（10）在下方的图片上输入文字，如图 6.148 所示。

（11）在素材文件中选取如图 6.149 所示的海鸥和游泳圈，调整画面完成，最终效果如图 6.149 所示。

图 6.148

图 6.149

任务拓展

用墨迹与图片合成的方式给自己做一个相册封面。

任务 6 狮子与山石的创意合成

任务分析

用通道抠图将狮子从图片中抠出，然后将山石图片置于狮子上面的一个图层，执行创建剪贴蒙版操作后，用几层蒙版渐变拉出狮子的头部。

任务实施

（1）打开狮子素材图片，如图 6.150 所示。

（2）复制"背景"图层，如图 6.151 所示。

图 6.150

（3）打开"通道"面板，分析哪个通道的狮子与背景的明暗反差最大，经过分析，发现蓝色通道最为明显，所以拷贝蓝色通道，如图 6.152 所示。

（4）选择"图像"→"调整"→"色阶"命令，如图 6.153 所示。

（5）色阶调整参数如图 6.154 所示。

（6）调整色阶后的画面如图 6.155 所示。

（7）按住 Ctrl 键的同时单击"蓝 拷贝"通道缩略图，将白色区域载入选区，如图 6.156 所示。

（8）按 Shift+Ctrl+I 组合键使选区反向，选中狮子的部分，如图 6.157 所示。

图 6.151

图 6.152

图 6.153

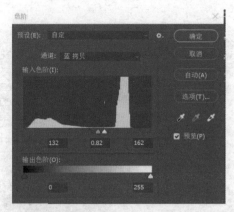

图 6.154

图 6.155

图 6.156

图 6.157

（9）单击 RGB 通道，如图 6.158 所示。

图 6.158

（10）回到"图层"面板，按 Ctrl+J 快捷键将选区复制为"图层 1"，如图 6.159 所示。

图 6.159

（11）拖入风景素材图片，置于"图层 1"的上方，如图 6.160 所示。

（12）在风景图片图层处右击，在弹出的快捷菜单中选择"创建剪贴蒙版"命令，如图 6.161 所示。

（13）完成效果如图 6.162 所示。

（14）选中风景图层后，单击"添加图层蒙版"按钮，如图 6.163 所示。

图 6.160

图 6.161

图 6.162

图 6.163

（15）选用黑到透明的渐变，如图 6.164 所示。在狮子头上往下稍微一拉，露出狮子头，如图 6.165 所示。

（16）最终效果如图 6.166 所示。

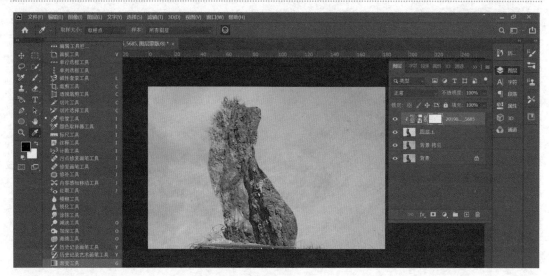

图 6.164

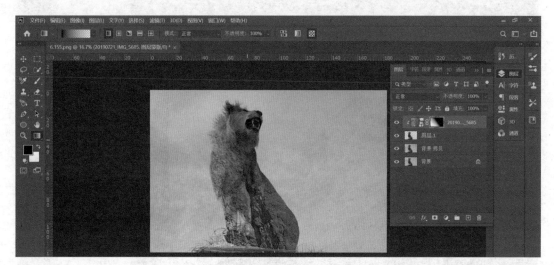

图 6.165

图 6.166

任务7 制作重影人物图片

任务分析

在人物的头上和身体上分别插入一张图片，运用创建剪贴蒙版和图层蒙版功能将其自然地融入，创作出双层影子的效果。

任务实施

（1）选择"文件"→"新建"命令，或者按 Ctrl+N 快捷键，打开"新建文档"对话框，设置标题为"双重影子"、宽度 210 毫米、高度 297 毫米、分辨率 300 像素/英寸、背景为白色，如图 6.167 所示，或者直接选择对话框中的"打印"选项，选择 A4 尺寸。

图 6.167

（2）选择"文件"→"打开"命令，或按 Ctrl+O 快捷键，在弹出的对话框中找到对应的素材文件夹，选择"人物"，如图 6.168 所示。

（3）在"人物"文件中选择移动工具，单击图片并将其拖入"双重影子"的文件夹中。选择"编辑"→"自由变换路径"命令，或者按 Ctrl+T 快捷键，然后按住 Shift 键等比例放大图片，确定好比例后按 Enter 键确定，如图 6.169 所示。

（4）选择磁性套索工具，沿着图片中人物的边缘选择，如图 6.170 所示。最后一笔需与第一笔相重合，此刻人物的边缘会出现虚线。然后右击，在弹出的快捷菜单中选择"选择反相"命令，或者按 Shift+Ctrl+I 组合键，此时画面的边缘和人物的边缘都会出现虚线，如图 6.171 所示。

图 6.168

图 6.169

图 6.170

图 6.171

（5）在画面中按 Delete 键，并按 Ctrl+D 快捷键取消选择，此刻被选中的灰色背景已经删除，如图 6.172 所示。

（6）打开素材文件夹，选择"风景 1"并将其拖入文件中，调节到合适的位置，按住 Shift 键将其调节到合适的大小，如图 6.173 所示。

（7）选择"风景 1"图层，右击，在弹出的快捷菜单中选择"栅格化图层"命令，如图 6.174 所示。

图 6.172

图 6.173

图 6.174

（8）选择"风景 1"图层，右击，在弹出的快捷菜单中选择"创建剪贴蒙版"命令，如图 6.175 所示。

图 6.175

（9）单击"添加图层蒙版"按钮。选择画笔工具，将其大小设置为 500 像素，硬度设置为 0%，再把前景色调整为黑色，不透明度设置为 100%，如图 6.176 所示。在画面的边缘处及脸部位置进行描绘，这里可根据画面的具体情况降低透明度，效果如图 6.177 所示。

（10）打开素材文件夹，选择"风景 2"并将其拖入文件中，调节到合适的位置，按住 Shift 键将其调节到合适的大小，右击，在弹出的快捷菜单中选择"垂直翻转"命令，如图 6.178 所示。

图 6.176

图 6.177

（11）选择"风景 2"图层，右击，在弹出的快捷菜单中选择"栅格化图层"命令，如图 6.179 所示。

（12）选择"风景 2"图层，右击，在弹出的快捷菜单中选择"创建剪贴蒙版"命令，如图 6.180 所示。

（13）单击"添加图层蒙版"按钮，用渐变工具，选择黑到透明，在风景图片上由上向下拉动，出现如图 6.181 所示的效果。

（14）选择前景以外的所有图层，用移动工具调整图像的位置，如图 6.182 所示。

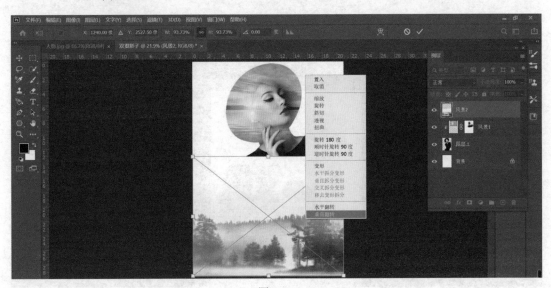

图 6.178

图 6.179

图 6.180

图 6.181

图 6.182

任务 8　制作破碎人像效果

任务分析

为实现破碎人像的效果，要将人物的一部分用液化工具进行向前变形处理之后，再选用特殊材质的画笔工具进行涂抹而成。

任务实施

（1）选择"文件"→"新建"命令，或者按 Ctrl+N 快捷键，打开"新建文档"对话框，设置标题为"破碎人像"，宽度为 297 毫米，高度为 210 毫米，分辨率为 300 像素 / 英寸，背景为白色，如图 6.183 所示，或者直接选择对话框中的"打印"选项，选择 A4 尺寸。

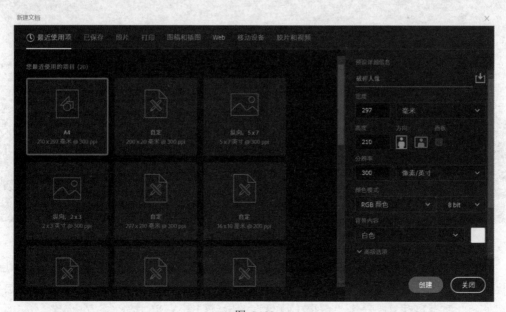

图 6.183

（2）选择"文件"→"打开"命令，或按 Ctrl+O 快捷键，在弹出的对话框中找到对应的素材文件夹，选择"背景"，如图 6.184 所示。

图 6.184

（3）在"背景"文件中，选择移动工具，单击图片并将其拖入"破碎人物"的文件夹中。选择"编辑"→"自由变换路径"命令，或者按 Ctrl+T 快捷键，然后按住 Shift 键等比例放大图片，确定好比例后按 Enter 键确定，如图 6.185 所示。

图 6.185

（4）为了使画面更加逼真，就要在图片上做一点近景清晰、远景模糊的效果。在"图层"面板中选择"图层 1"，按 Ctrl+J 快捷键，或者选择"图层 1"，将其拖到"创建新图层"按钮处，此时会自动复制一个"图层 1 拷贝"图层，如图 6.186 所示。

（5）选中"图层 1 拷贝"图层，选择"滤镜"→"模糊"→"表面模糊"命令，在弹出的对话框中设置"半径"为 8 像素，"阈值"为 150 色阶，单击"确定"按钮，此时会出现画面模糊的效果，如图 6.187 所示。

图 6.186　　　　　　　　　　　　　　　图 6.187

（6）选择橡皮擦工具，设置"大小"为 500 像素、"硬度"为 0%，擦掉"图层 1 拷贝"图层的下半部分，此时画面呈现出近景清晰、远景模糊的效果，如图 6.188 所示。

图 6.188

（7）选择"文件"→"打开"命令，或者按 Ctrl+O 快捷键，在弹出的对话框中找到对应的素材文件夹，选择"人物"，如图 6.189 所示。

图 6.189

（8）在"人物"文件中，选择移动工具，单击图片并将其拖入"破碎人物"的文件夹中，如图 6.190 所示。选择"滤镜"→"液化"命令，在弹出的对话框中设置"大小"为 500、"压力"为 28、"密度"为 100，如图 6.191 所示。单击画面并向左侧拖动，效果如图 6.192 所示。

图 6.190

（9）选择"图层 2"，单击"添加图层蒙版"按钮，添加图层蒙版，如图 6.193 所示。

（10）选择画笔工具，设置"大小"为 500 像素，"硬度"为 0，笔触选择为干画笔尖浅描，再把前景色调整为黑色，不透明度设置为 100%。在人物的左部进行描绘，直到呈现出破碎的效果，如图 6.194 所示。

图 6.191

图 6.192

图 6.193

图 6.194

（11）选择"编辑"→"自由变换路径"命令，或者按 Ctrl+T 快捷键，将人物调整至合适的大小，如图 6.195 所示。

图 6.195

任务 9　制作创意水果海报

任务分析

创意水果海报，主要是将完整的水果用套索工具进行切割处理之后，再用图片填充出切面效果，最后再加上水花效果相结合而成，如图 6.196 所示。

图 6.196

任务实施

（1）选择"文件"→"新建"命令，或者按 Ctrl+N 快捷键，打开"新建文档"对话框，设置标题为"创意水果海报"、宽度为 210 毫米、高度为 297 毫米、分辨率为 300 像素／英寸、背景为白色，或者直接选择对话框中的"打印"选项，选择 A4 尺寸，如图 6.197 所示。

图 6.197

（2）选择"文件"→"打开"命令，或者按 Ctrl+O 快捷键，在弹出的对话框中找到对应的素材文件夹，选择"草莓"，如图 6.198 所示。

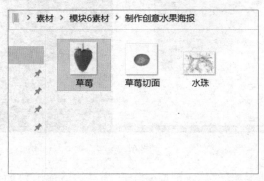

图 6.198

（3）在"草莓"文件中，选择魔棒工具，设置"容差"为 40，选取整颗草莓，如图 6.199 所示。

图 6.199

（4）单击选取好的草莓并将其拖入"创意水果海报"的文件中。选择"编辑"→"自由变换路径"命令，或者按 Ctrl+T 快捷键，然后按住 Shift 键，等比例放大图片并适当倾斜主体，确定好比例后按 Enter 键，如图 6.200 所示。

图 6.200

（5）使用套索工具，将草莓切割成几个部分。然后使用移动工具，将分割好的部分依次分开摆放，如图 6.201 所示。

（6）为了使切面效果更为逼真，在此可以为草莓添加一个切面。新建一个图层，并命名为"切面"，如图 6.202 所示。

图 6.201

图 6.202

（7）选择"切面"图层，选择椭圆选框工具，依次为草莓画出模拟切面。画好后，将图层置于"图层 1"的下方，如图 6.203 所示。

（8）选择"文件"→"打开"命令，或者按 Ctrl+O 快捷键，在弹出的对话框中找到对应的素材文件夹，选择"草莓切面"，将草莓切面 .png 拖入"创意水果海报"文件中，将这个图层置于"切面"图层的上一层，如图 6.204 所示。

（9）按 Ctrl+T 快捷键调整"草莓切面"，将其调整到和切面差不多大小，按 Ctrl+Alt+G 组合键创造剪贴蒙版，如图 6.205 所示。

图 6.203

图 6.204

图 6.205

（10）重复上一步骤，使用剪切蒙版把所有切面都替换为真实的效果图，如图 6.206 所示。

图 6.206

（11）分别选中"图层 2""图层 3""图层 4"，选择"图像"→"调整"→"色相/饱和度"命令，在弹出的对话框中设置"色相"为 –23、"饱和度"为 –21，单击"确定"按钮，此时会呈现出更逼真的切面色彩效果，如图 6.207 所示。

图 6.207

（12）选择"文件"→"打开"命令，或者按 Ctrl+O 快捷键，在弹出的对话框中找到对应的素材文件夹并选择"水珠"，如图 6.208 所示。

（13）将"水滴 .png"文件拖入"创意水果海报"文件中，将这个图层置于"图层 1"的下面。放置好后按 Ctrl+T 快捷键调整水滴的方向和大小，如图 6.209 所示。

图 6.208

图 6.209

（14）选择"图像"→"调整"→"色相 / 饱和度"命令，在弹出的对话框中设置"色相"为 +147、"饱和度"为 +100、"明度"为 +42，单击"确定"按钮，制作出夸张的草莓爆汁效果，如图 6.210 所示。

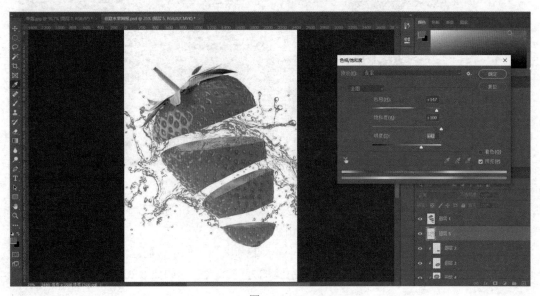

图 6.210

（15）单击"背景"图层，双击渐变工具，打开"渐变编辑器"，在渐变调整条上标注色标，分别为 ef6161 和 c01713。渐变方式选择径向渐变，拉出渐变背景，如图 6.211 和图 6.212 所示。

图 6.211

（16）选中除背景外的所有图层，右击，在弹出的快捷菜单中选择"合并图层"命令，将图层合并，如图 6.213 所示。

（17）选择合并好的图层，右击，在弹出的快捷菜单中选择"复制图层"命令，或者按 Ctrl+J 快捷键快速复制图册，如图 6.214 所示。

图 6.212

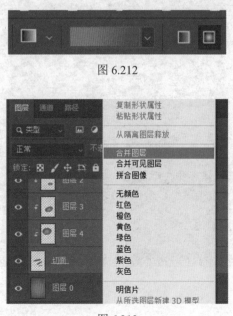

图 6.213

图 6.214

（18）选择"编辑"→"自由变换路径"命令，或者按 Ctrl+T 快捷键，将图片进行翻转，如图 6.215 所示。

（19）在图册界面，将翻转图层的不透明度调整为 25% 并拖动位置，制作成倒影效果的图片，如图 6.216 所示。

图 6.215　　　　　　　　　　　　　　　　图 6.216

（20）选择"编辑"→"自由变换路径"命令，或者按 Ctrl+T 快捷键，将图层物体调整为合适的大小，进一步微调至最终效果，如图 6.217 所示。

图 6.217